多媒体多模态融合的情感分析网络

唐佳佳　孔万增　著

西安电子科技大学出版社

内 容 简 介

　　本书针对现有多模态情感信息融合网络在输入层、池化层、局部交互层面和全局交互层面存在的多个问题，提出了对应的多个多模态情感信息融合网络。这些网络能够有效解决多模态情感信息融合网络中输入层的模态缺失问题、池化层的模态个数和模态交互阶数受限问题、局部交互层面的模态个数和模态交互方向受限问题以及全局交互层面的情感上下文信息学习不充分的问题。同时，本书所提出的多模态情感信息融合网络在多模态情感分析任务中均表现优异，为现有多模态情感分析领域提供了新的研究思路和技术手段。

　　本书适合作为高校计算机专业本科高年级学生及研究生的参考用书。

图书在版编目(CIP)数据

　　多媒体多模态融合的情感分析网络 / 唐佳佳，孔万增著. --西安：西安电子科技大学出版社，2023.10
　　ISBN 978 - 7 - 5606 - 6912 - 6

　　Ⅰ. ①多⋯　Ⅱ. ①唐⋯ ②孔⋯　Ⅲ. ①计算机网络—网络分析—高等学校—教材
Ⅳ. ①TP393.021

　　中国国家版本馆 CIP 数据核字(2023)第 104175 号

策　　划　陈　婷
责任编辑　陈　婷
出版发行　西安电子科技大学出版社(西安市太白南路 2 号)
电　　话　(029)88202421　88201467　　　邮　　编　710071
网　　址　www.xduph.com　　　　　　电子邮箱　xdupfxb001@163.com
经　　销　新华书店
印刷单位　西安日报社印务中心
版　　次　2023 年 10 月第 1 版　2023 年 10 月第 1 次印刷
开　　本　787 毫米×1092 毫米　1/16　印张　9.5
字　　数　168 千字
定　　价　29.00 元
ISBN 978 - 7 - 5606 - 6912 - 0 / TP

XDUP 7214001 - 1

＊＊＊如有印装问题可调换＊＊＊

前　言

随着多媒体和网络技术的高速发展，计算机将应对大量文本模态、语音模态和视频模态等多媒体数据的处理分析工作。这些多媒体数据具有丰富的主观性情感色彩，如何结合以上多种模态数据进行有效的情感分析，使得计算机达到情感层面的智能，已经成为当前人工智能技术面临的极大挑战。

本书重点针对面向多媒体内容的多模态情感信息融合网络开展深入研究，书中全面总结了现有面向多媒体内容的多模态情感信息融合网络在不同网络层次上存在的不同问题，在此基础上开展了针对性的研究工作，研究结果能够有效解决以上问题。本书的研究内容覆盖了基于对偶转换的多模态情感信息融合网络、基于张量池化的多模态情感信息融合网络、基于多路注意力机制的多模态情感信息融合网络以及基于双向注意力机制的多模态情感信息融合网络等。相比于国内外已出版的其他多模态研究书籍，本书按照现有深度学习网络的网络层次顺序，系统地阐述了书中提出的多个模态情感信息融合网络是如何解决现有多模态融合网络的各个网络层上所对应的问题，并将之应用到面向多媒体内容的多模态情感分析任务中。

全书共分为 6 章，其主要内容可概括如下。

第 1 章介绍了现有多模态情感信息融合网络的研究背景和意义，详细阐述了国内外的多模态情感信息融合网络的研究现状，并全面总结了现有研究工作在多模态情感信息融合网络的输入层、池化层、局部交互层面以及全局交互层面上存在的问题。

第 2 章介绍了基于对偶循环一致性约束的对偶转换融合网络，详细阐述了多模态融合网络如何有效应对输入层的多个模态数据同时缺失的问题，证明了所提出的模型可以为现有多模态情感分析领域提供更多解决问题的可能性。

第 3 章介绍了高/混阶多项式张量池化模块和分层多模态情感信息融合框架，并详细阐述了所提出的多模态学习网络如何有效应对池化层的模态个数和模态交互阶数受限问题，证明了从所提出的模型中可以学习得到任意多个模态的任意高阶多线性多模态情感交互信息。

第 4 章介绍了基于多路多模态注意力机制的分层情感信息融合网络，并详细阐述了多模态融合网络如何有效应对局部交互层面上的模态个数和模态交互方向受限问题，证明了从所提出的模型中可以同时得到任意多个模态的任意模态交互方向上的复杂多路多模态情感交互信息。

第 5 章介绍了基于双向注意力机制的多模态情感信息融合网络，并详细阐述了多模态学习网络如何有效应对全局交互层面上的情感上下文相关性信息学习不充分问题。通过对多个模态之间形成自上而下注意力机制和自下而上注意力机制互相联合的双向动态多模态情感进行分析，可以在多模态情感表征空间内充分学习得到细粒度多模态情感上下文相关性信息。

第 6 章是对本书创新工作的总结，并介绍了未来的研究计划。

本书不同章节之间清晰的层次联系，可帮助读者对多模态情感分析领域进行更为全面和系统的了解和学习。本书可作为高校计算机专业的本科高年级学生及研究生在多模态学习领域的参考书籍，读者须具备深度学习网络基本知识、情感分析基本知识、自然语言处理相关知识以及张量网络学习相关基础知识。

本书是在著作者们近年来研究工作的基础上撰写完成的，由杭州电子科技大学孔万增教授以及唐佳佳博士担任编写和校对工作。感谢国家重点研发计划项目政府间国际科技创新合作重点专项（2017YFE0116800）、国家自然科学基金企业创新发展联合基金重点项目（U20B2074）资助出版。衷心感谢杭州电子科技大学计算机学院张建海教授、金宣妤、李康、刘栋军的帮助，感谢日本理化学张量研究团队的负责人赵启斌老师和侯铭博士对本书研究工作的帮助与支持。

本书是从一个科学研究人员的视角进行材料整合和内容阐述的，囿于写作水平和研究广度，难免存在理解层面和方法描述层面的疏漏之处，敬祈有关专家和读者不吝指教。

作　者
2023 年 2 月

目　　录

第1章　绪论 ……………………………………………………………… 1

1.1　研究背景与意义 …………………………………………………… 1

1.2　国内外研究现状 …………………………………………………… 3

　　1.2.1　基于生成式网络的多模态学习研究 …………………………… 3

　　1.2.2　基于线性交互的多模态学习研究 ……………………………… 6

　　1.2.3　基于 Transformer 网络的多模态学习研究 ………………… 8

　　1.2.4　基于注意力机制的多模态学习研究 ………………………… 10

　　1.2.5　多模态情感分析数据库 ……………………………………… 12

1.3　本书研究的内容 ………………………………………………… 14

1.4　本书章节安排 …………………………………………………… 16

第2章　基于对偶转换网络的多模态情感信息融合网络 ……………… 18

2.1　引言 ……………………………………………………………… 18

2.2　基于对偶转换网络的多模态融合网络构建 …………………… 21

　　2.2.1　对偶转换网络 ………………………………………………… 21

　　2.2.2　多模态卷积融合网络 ………………………………………… 25

　　2.2.3　分层多模态情感信息融合框架 ……………………………… 26

2.3　实验与分析 ……………………………………………………… 30

　　2.3.1　模型性能衡量指标 …………………………………………… 31

　　2.3.2　特征提取与对比模型介绍 …………………………………… 32

　　2.3.3　实验结果与分析 ……………………………………………… 33

2.4　本章小结 ………………………………………………………… 40

第 3 章　基于张量池化的多模态情感信息融合网络 ……………………… 42

3.1　引言 …………………………………………………………………… 42

3.2　基于张量池化的多模态融合网络构建 ……………………………… 44

3.2.1　高阶多项式张量池化 ……………………………………… 45

3.2.2　分层多模态情感信息融合框架 …………………………… 46

3.2.3　混阶多项式张量池化 ……………………………………… 52

3.2.4　树状分层多模态情感信息融合框架 ……………………… 55

3.3　实验与分析 …………………………………………………………… 64

3.3.1　模态特征提取 ……………………………………………… 64

3.3.2　对比模型和模型性能指标 ………………………………… 64

3.3.3　模型训练和实验设置 ……………………………………… 65

3.3.4　实验结果与分析 …………………………………………… 66

3.4　本章小结 ……………………………………………………………… 84

第 4 章　基于多路注意力网络的多模态情感信息融合网络 …………… 86

4.1　引言 …………………………………………………………………… 86

4.2　基于多路注意力网络的多模态融合网络构建 ……………………… 89

4.2.1　张量网络介绍 ……………………………………………… 89

4.2.2　自注意力机制和跨模态注意力机制介绍 ………………… 90

4.2.3　多路多模态 Transformer 网络 …………………………… 92

4.2.4　分层多模态情感信息融合框架 …………………………… 96

4.3　实验与分析 …………………………………………………………… 97

4.3.1　模型性能评估指标 ………………………………………… 97

4.3.2　对比模型与训练细节 ……………………………………… 98

4.3.3　实验结果与分析 …………………………………………… 99

4.4　本章小结 ……………………………………………………………… 106

第 5 章　基于双向注意力胶囊网络的多模态情感信息融合网络 ……… 107

5.1　引言 …………………………………………………………………… 107

5.2 基于双向注意力机制的多模态融合网络构建 ………………………… 109

    5.2.1 多模态动态增强模块 …………………………………………… 110

    5.2.2 双向注意力胶囊网络 …………………………………………… 112

5.3 实验与分析 ……………………………………………………………… 116

    5.3.1 模型性能评估指标 ……………………………………………… 116

    5.3.2 训练细节和对比模型 …………………………………………… 117

    5.3.3 实验结果与分析 ………………………………………………… 117

5.4 本章小结 ………………………………………………………………… 126

第 6 章　总结与展望 ………………………………………………………… 127

参考文献 ……………………………………………………………………… 129

第 1 章　绪　　论

1.1　研究背景与意义

情感是个体对客观事物是否满足自身需求而产生的一种主观态度[1]。当面对同一个客观事物时，个体所产生的情感也和个体本身的独特个性存在一定关联性[2]。鉴于人类能够根据产生的情感给予外界事物一定反馈，情感能够帮助人类在以人为主导的现代复杂社会体系中进行更为高效合理的认知学习、沟通交流等。近年来，随着人工智能理论与科学技术的迅猛发展，人们对更为便捷、智能的生活环境的需求也随之急剧增加。但是，现有人工智能技术主要依赖于传统逻辑推理式计算机系统，只能达到技术层面上的智能，而无法达到真正意义上的情感层面的智能[3]。因此，大量研究团队都致力于研究如何赋予计算机理解人类情感状态和迅速给予人类情感反馈的能力，并试图构建得到一种智能和谐的人机交互环境[4]，即使得计算机具有优越的情感分析性能[5]。

随着多媒体和网络技术的高速发展，计算机将应对大量文本模态[6]、语音模态[7]和视频模态[8]等多媒体数据的处理分析工作。例如，大量的网络用户会在微博、豆瓣和爱奇艺等社交和视频平台上发表对当前热点舆论事件和影视剧的看法评价，以及在淘宝、京东、美团等购物网站上发表关于商品的品质评价。以上海量文本评价数据中包含着用户对当前社会事件、影视剧、商品的观点信息，而这些观点文本信息中包含着大量的主观性情感信息[9]。随着消费方式的转变，人们倾向于在购物前浏览该商品的评价，如果评价更偏向正面积极，则人们更愿意为该商品买单消费；如果评价更偏向负面消极，则人们在很大程度上会放弃购买该商品。可以发现，公开平台上的评价文本信息一定程度上能够影响消费者的决策和判断。如何基于以上具有主观性情感色彩的多媒体数据进行有效的情感分析，是当前人工智能技术面临的极大挑战。

为了更准确地了解大众对商品的评价，很多平台都在致力于构建高效的情感文本分析模型解析文本所包含的消费者主观性情感信息[10]。例如，美团搭建了一个为商家提供大数据分析支持的知识图谱平台(美团商业大脑)[11],该平台根据用户的文本评价得到用户对商家的总体印象信息以及商品的受欢迎程度信息,从而帮助商家优化对应的经营策略。淘宝等购物平台根据消费者的搜索浏览记录信息以及商品评价信息,分析消费者对特定商品的偏好程度,为消费者制定特定商品推送服务[12]。阿里云开发了人工智能系统"小 Ai",该系统采用文本情感分析技术对社交平台上的观众点评信息进行分析,最终成功预测了某次比赛中某位歌手的夺冠结果。微软开发了"小冰"情感交互机器人[13],该机器人根据用户的文本信息解析出用户的情感状态,并给予恰当的文本反馈信息。竹间智能推出了一系列智能客服服务[14],通过通用语义引擎有效学习得到用户情绪状态,并及时给予消费者对应的应答信息。阿里云开发了以消费者为中心的智能对话机器人小蜜[15],它能够基于文本信息精确理解消费者关于商品的疑问和需求,同时迅速给予消费者对应的解决方案。

除了以上基于文本模态的情感分析之外,基于语音模态的情感分析也引起了国内外研究者的广泛关注[16-18]。研究者通过将声学统计特征和说话者情感状态进行建模关联分析,可以有效得到两者的映射关系。为了给语音情感分析模型提供可靠的训练样本数据,研究者构建了一系列情感语料数据库(如 Belfast 情感语料数据库[19-20],DMO-DB 情感语料数据库[21],CASIA 汉语情感语料库[22] 等)。随着语音情感识别分析技术的迅猛发展,研究者逐渐将语音情感分析技术应用到现实场景的语音人机交互任务中[23-26]。例如,日本 NTT 研究所为客服业务开发出了一套客服电话情感分析系统[27],该系统能够根据语音信息实时分析出用户对应的情感状态。天津某公司人工智能实验室开发出了一套智能语音情感分析系统"青鸾",实现了人工智能全面驱动的精准客服运营。小米公司推出了可以进行智能情感交互的小爱音箱 Art[28],可以自动识别用户指令以及用户情感状态,并且给予用户多种拟人化的情感反馈。大众等知名汽车公司在车辆中都配置了具有情感分析功能的智能交互车载系统[29],能够赋予车辆更多的人性化设计[30-31]。鼎电集团开发了一套语音情感分析系统,能够从音频数据中有效识别出被试当前的压力状态和情绪波动情况[32]。

在日常生活中,视频数据中人脸表情也是传达人类情感状态信息的重要方式[33]。心理学家阿尔伯特·梅拉比安发现通过对人类面部表情和情感状态进行关联分析,能够学习得到对人类沟通交流有帮助的重要情感特性信息[34-37]。著名的心理学家 Ekman 通过一系列研究发现[38],人类可以通过联合调动眼部以及口部附近的肌肉群来精确传达对应的情感变化信息[39]。为了进行更可靠的人脸情感识别分析[40-42],研究者构建了一系列包含人脸表情图片的情感分析数据库(如日本女性面部表情数据库 JAFFE[43],野外动态面部表情数据集 AFEW[44] 等)。随着人脸情感识别技术的不断发展,研究者将人脸表情识别应用到现实场景中的人机交互等领域[45-46]。例如，腾讯搭建了一个优图 AI 开放平台，根据人脸图像检测出的用户性别和情感状态信息，可以进行更为精准有效的广告投放工作。落网团队开发了一款可以识别情绪状态的音乐软件 emo[47]，通过手机的摄像头获得用户当前的人脸表情图片，可以根据特定情感状态为用户智能推送对应的音乐类型。美国汉森机器人公司推出了一款类人机器人(爱因斯坦机器人 Einstein)[48]，它能够通过摄像头准确识别用户当前情感状态信息，同时给予用户相应的表情反馈。商汤科技在 EX5-Z 汽车上搭载了基于人脸识别技术的智能车载系统[49]，该系统可以实时捕获驾驶员的面部表情照片，计算驾驶员当前情绪状态并且同步分析驾驶员长时间情绪变化信息。

　　由于以上基于单一多媒体数据的情感分析可能会得到较为模糊的情感状态判别结果[50]，因此研究者逐渐从基于单一多媒体数据的情感语义分析转向了结合不同多媒体数据的情感语义分析[52-53]。为了进行更可靠的多模态情感语义分析[54-56]，研究者构建了一系列包含不同多媒体数据的多模态情感分析数据库(YouTube 数据集[57]，ICT-MMMO 数据集[58]等)。随着多模态情感识别技术的高速发展，研究者将多模态情感识别技术应用到现实场景的各个分析任务中。例如，天猫精灵发布了全球首个智能人机交互系统 AliGenie[59-60]，能够根据面部唇动、手势肢体以及语音学习得到消费者当前情感状态信息。日本软银集团研发出一款人性智能交互机器人 Pepper[61]，能够根据面部表情、肢体动作和音频数据分析得到消费者当前情感状态，该款机器人已经被应用于服务零售、健康护理等领域。追一科技提出了智能多模态虚拟人物 Face，采用结合了语音模态、文本模态和视频模态的多模态情感信息融合技术计算用户的情感状态，从而为用户提供高质量的智能化客服服务。

1.2　国内外研究现状

　　由于不同模态之间的一致性和互补性信息能够有效提升情感分析任务性能，因此研究者们逐渐从基于单一多媒体数据的情感分析转向了结合不同多媒体数据的多模态情感分析。本书主要从基于生成式网络、基于线性交互、基于 Transformer 网络、基于注意力机制网络的多模态学习研究方面进行综述。

1.2.1　基于生成式网络的多模态学习研究

　　在多模态学习中，研究者普遍采用生成式学习[62-63]将一个源模态数据转换成目标模数据，接着从转换网络中间层中提取得到多模态融合信息。例如 Mai 等人[64]提出一个基于对抗式学习的多模态情感信息融合网络，依据该网络能够在模态转换过程中得到多个模态之间的联合表示信息。Mai 等人为文本模态、语音模态和视频模态分别构建了对应的生成器和解码器网络。生成器的输出信息分别被传递到判别器、解码器以及多模态融合模块中，而解码器的输出信息被传递到模态重构误差计算模块中。判别器的主要任务是将文本模态的生成信息判别为真，同时将语音模态和视频模态的生成信息判别为假。语音模态生成器和视频模态生成器的主要任务是让判别器将语音模态和视频模态的生成信息判别为真。判别器、语音模态生成器和视频模态生成器之间存在对应的博弈（对抗式）关系。基于以上这种多模态对抗式训练操作，可以有效计算得到文本模态和视频模态之间的跨模态情感交互信息，同时亦可以得到文本模态和语音模态之间的跨模态情感交互信息。

为了得到更为精准的结果，研究者在模态转换模块中引入了一致性约束条件。例如，Duan 等人[65]提出一个基于注意力机制和类别循环一致性约束的跨模态转换网络。该网络通过将语音模态和语音模态类别标签传送到第一个生成器，可以得到粗粒度图像数据生成信息；将粗粒度图像生成信息以及语音模态类别标签传送到类别标签差异计算模块中，可以计算得到图像判别标签和语音模态类别标签之间的差异信息；接着，将模态类别标签差异信息以及粗粒度图像生成信息传送到第二个生成器网络中，可以计算得到细粒度图像生成信息。在模型训练过程中，对以上两个生成器同时施加注意力机制和类别标签循环一致性约束，可以得到更为精确的跨模态交互信息。Hao 等人[66]提出基于模态循环一致性约束的跨模态转换网络。上述网络包含两组循环对抗生成式网络[67]，一组网络用于完成基于语音模态生成视频模态的任务，另一组网络主要完成基于视频模态生成语音模态的任务。值得注意的是，Duan 采用语音模态和视频模态类别标签层面的循环一致性约束，Hao 采用的是语音模态和视频模态数据层面的循环一致性约束。

一些研究者结合了概率学习和生成学习模型，可以从模态数据分布层面得到跨模态融合信息。例如，Pandey 等人[68]提出一种基于条件概率学习的跨模态转换学习网络，网络中的中间模态信息对应于跨模态联合表示信息。在以上概率模型中，通过文本模态和中间模态的联合分布信息，以及视频模态和中间模态的联合分布信息，可以计算得到文本模态和视频模态的联合概率分布信息。Theodoridis 等人[69]提出一种基于条件对齐模块的跨模态转换学习网络，包含两个变分自编码网络[70]：第一个变分自编码网络用于将源模态转换为目标模态，计算得到的隐性空间对应于跨模态交互表征空间；第二个变分自编码网络用于提取模态数据内部的特征信息，计算得到的隐性空间对应于模态内部的自交互表征空间。

接着，在跨模态交互表征空间和自交互表征空间之间构建对齐转换网络，该转换网络学习得到的隐性空间对应于跨模态对齐信息。

为了学习得到细粒度多模态情感信息融合表示，研究者在多模态学习过程中引入了分层学习结构。例如，Pham 等人[71]提出一种基于跨模态转换模块的分层多模态情感信息融合网络。上述网络所采用的编码器以及解码器为循环神经网络 RNN[72]。编码器的输出信息(或解码器的输入信息)对应于源模态和目标模态的跨模态联合表征信息。基于文本和语音模态构建得到对应的跨模态转换模型，计算得到跨模态情感交互信息。将以上模型输出信息作为源模态传送到第二个跨模态转换模型，同时将视频模态作为目标模态传送到第二个跨模态转换模型，学习得到多模态情感交互信息。Yang 等人[73]提出基于单向跨模态转换网络的分层多模态情感信息融合网络，即采用视频和文本模态构建得到对应的跨模态转换网络；同时采用语音和文本模态构建得到对应的跨模态转换网络；接着，将以上解码器的输出信息以及文本词向量传送到双向 Transformer 网络，学习得到语义空间和非语义空间之间的联合表征信息。

基于以上单向跨模态转换网络，研究者进一步提出了双向跨模态转换网络。例如，Pham 等人[74]提出一种基于循环转换网络的多模态情感信息融合网络。网络中包含了前向和反向跨模态转换任务，两个任务共享同一个编码器以及解码器。在前向跨模态转换任务中，对源模态进行编码操作，将编码器的输出信息传送到解码器内，计算得到目标模态生成信息。在反向跨模态转换任务中，对目标模态进行解码操作，将解码信息传送到编码器中，计算得到源模态生成信息。Wang 等人[75]提出了一种基于端到端 Transformer 网络的多模态情感信息融合框架，能够计算不同模态之间潜在且重要的相关性信息。以上框架为文本模态和视频模态构建对应的前向和反向跨模态转换网络，同时为文本模态和语音模态构建对应的前向和反向跨模态转换网络。以上跨模态转换网络的所有输出信息对应于多模态情感交互信息。

通过以上文献调研发现，多模态情感信息融合网络都包含生成器和解码器，导致构建得到的多模态情感分析框架过于冗余和复杂，不利于应对现实场景中的复杂多模态情感分析任务。同时可以发现，以上多模态情感信息融合网络需要将所有模态都传送到网络输入层上，才能够完成多模态情感判别分析任务。因此，以上多模态情感分析模型对模态缺失问题异常敏感。综上所述，本书将对多模态情感信息融合网络中输入层的模态缺失问题展开具体研究。

1.2.2　基于线性交互的多模态学习研究

多模态情感分析中最为核心的步骤为多模态融合学习,多模态融合学习可以归类成早期多模态融合学习方法、决策多模态融合学习方法以及混合多模态融合学习方法[76]。早期多模态融合学习一般是将多个模态的拼接信息传送到输入层,从而计算得到多模态交互信息[77]。例如,Nefian 等人[78]提出一种动态贝叶斯多模态学习网络,它将语音模态特征和视频模态特征沿着时间维度拼接成一个跨模态融合长向量,接着将长向量传送到隐马尔可夫链多模态融合网络中。Chuang 等人[79]提出一种多模态情感信息融合模型,可以提取语音模态和文本模态的跨模态情感交互信息。以上模型采用主成分分析方法以及支持向量机计算得到语音情感特性信息和文本模态的情感关键字信息。基于以上两种模态情感特征的拼接信息,可以计算得到模态之间的情感交互信息。Savran 等人[80]提出一种动态贝叶斯多模态融合网络,通过将文本模态、语音模态和视频模态的拼接信息传送到动态贝叶斯网络中,可以计算得到多个模态之间的邻域情感交互信息。

决策多模态融合学习一般采用不同决策分析模型处理不同的模态信息,通过投票表决或者计算均值的方式计算得到分类结果[81]。例如,Rigoll 等人[82]提出一个跨模态情感分析模型,即采用多层支持向量机对语音模态进行情感判别分析,同时采用深度贝叶斯信念网络对文本模态进行情感判别分析,接着采用多层感知机对以上结果进行软投票表决。Cai 等人[83]提出一个基于卷积网络的多模态情感分析模型,即采用两个不同卷积神经网络分别对文本模态和视频模态进行情感判别分析,接着采用逻辑回归模型对以上结果进行整合学习。Poria 等人[84]采用三个支持向量机对文本模态、视频模态和语音模态分别进行情感判别二分类任务,每个模态都存在对应的情感判别二分类概率信息,根据分类概率信息进行投票表决。

混合多模态融合学习通过结合早期和决策多模态融合学习方法可以计算得到更为丰富的多模态情感特性信息[85]。例如,Martin 等人[86]提出一种基于混合融合策略的多模态情感分析模型。该模型通过语音识别技术将语音模态的梅尔倒谱系数特征转换成文本数据,接着采用支持向量机作为文本数据的情感判别分析器。在特征融合层面将语音模态和视频模态的拼接信息传送到双向长短时记忆网络中,在决策融合层面将支持向量机和双向长短时记忆网络的分类概率信息进行加权求和操作。Siddiquie 等人[87]在多模态情感分析工作中同时采用了早期多模态融合策略、决策多模态融合策略以及混合多模态融合策略。在早期多模态融合层面上,将文本模态、语音模态和视频模态的特征表示沿着时间维度进行拼接操作。在决策多模态融合层面，采用三个支持向量机分别对以上三种模态进行情感判别分析，计算得到三个情感二分类概率信息。在混合多模态融合层面，采用逻辑回归器对以上多个情感二分类概率信息进行加权求和操作。

以上三种传统多模态融合方法都较为简单，因此研究者逐渐从传统线性多模态融合方法转向了双线性多模态融合学习方法。例如，Lin 等人[88]提出一种双线性卷积神经网络用于视频分析，主要是将视频中的两种模态进行矩阵乘法操作，交互矩阵中的每一个元素对应于跨模态交互信息。以上融合操作对应于双线性模态融合操作，可以学习得到不同模态之间的交互模式。然而当两个模态矩阵包含的元素过多时（即模态矩阵尺寸过大时），直接采用以上矩阵乘法操作进行双线性池化可能会导致计算复杂度过高等问题。受到 Lin 等人的启发，Nguyen 等人[89]提出一种基于紧密双线性池化模块（MCB[90]）的轻量级多模态情感信息融合网络。采用两个 3D CNN 网络分别提取视频模态和语音模态的情感特征信息，接着将计算得到的模态特征信息传送到 MCB 模块中进行双线性池化操作。MCB 模块不是通过矩阵乘法对两个模态进行显式双线性池化操作，而是为两个模态和双线性模态融合信息构建映射关系。通过控制元素下标来抽取模态元素进行跨模态融合操作，可以有效减少计算复杂度以及参数存储量，得到较为轻量级的双线性模态池化模块。

基于以上双线性多模态融合研究，研究者进一步提出了三线性多模态融合网络[91]。例如，Zadeh 等人[92]提出一个基于张量网络的多模态情感信息融合模型：通过外积操作将文本模态、视频模态以及语音模态组织成一个三维多模态张量数据，它能够以一种端到端的学习方式从高维情感表征空间内同时计算得到模态内部和模态之间的高维情感特性信息。Verma 等人[93]提出一种深度高阶多模态情感信息融合模型：通过外积操作将每一个时刻上的文本模态、视频模态以及语音模态组织成三维多模态张量数据，学习得到全局和局部高维多模态情感交互信息，接着将全局和局部高维多模态情感交互信息进一步整合得到复杂高维多模态情感交互信息。然而在应对更为复杂的多模态情感分析任务时，以上三线性多模态融合方法构建得到的多模态张量尺寸随着模态个数增加呈指数级增长趋势。

为了应对以上三线性多模态融合工作的维数灾难问题，研究者对原始大型多模态张量进行低秩近似表示，这可以在一定程度上减少参数量和计算复杂度。例如，Liu 等人[94]提出一个低秩多模态情感信息融合网络，该网络可为每一个模态构建对应的一组低秩分解因子矩阵，然后将构建得到的低秩分解因子矩阵作用到对应模态数据上，就可以计算得到模态数据对应的低秩近似表示信息；接着对以上三个低秩近似表示信息进行哈达码积操作，可以以一种轻量级学习方式计算得到多个模态数据在高维情感表征空间内的复杂三线性多模态情感交互信息。Barezi 等人[95]提出一个基于低秩 Tucker 张量[62]的多模态情感信息融合网络。该网络是将文本、视频和语音数据组织成一个三维多模态张量,接着采用 Tucker 张量分解方法将多模态张量分解成一个低秩三维核张量和三个因子矩阵,完成多模态情感信息融合任务。

由于模态交互阶数的限制,以上基于张量网络的多模态情感信息融合模型只能学习得到双线性或三线性多模态情感交互信息。例如,基于两个输入模态的多模态情感分析网络,只能学习得到双线性多模态情感交互信息;基于三个输入模态的多模态情感分析网络,只能学习得到三线性多模态情感交互信息。同时,上述多模态情感信息融合网络只能在单个阶数固定的情感表征空间内进行情感分析,忽略了多个阶数不固定的情感表征子空间内细微且重要的情感状态变化信息。此外,上述模型的每一层网络上只能施加单个情感分析策略,意味着以上模型对情感策略的施加顺序可能存在一定的敏感性,在一定程度上限制了模型的学习性能。综上所述,本书将对多模态情感分析中的多线性高阶交互问题、混阶多模态情感表征子空间交互问题以及深层次多模态情感分析框架展开研究。

1.2.3　基于 Transformer 网络的多模态学习研究

近年来,由于 Transformer 网络[96]可以对时间序列中任意位置上的元素进行远距离相关性学习,因此被大量研究者应用于多模态情感分析领域。Transformer 网络的核心机制为自注意力机制,该机制能够将时间序列中当前元素信息和序列中任意元素进行关联学习,从而可以有效学习得到远距离特征,这种远距离特征可以理解为一种上下文相关性信息。将自注意力机制应用到情感模态数据分析中,可以有效挖掘得到情感模态内部的情感上下文相关性信息。注意力机制的主要操作是先计算查询向量和键向量在同一个高维空间内的相似程度,再将计算得到的相似性信息作用到另一个高维空间的值向量上。查询向量对应于源模态信息,键向量与值向量对应于目标模态信息。以上操作可以计算得到源模态在目标模态对应的高维表征空间中的高维表达,即可以计算得到源模态和目标模态的远程依赖性信息。

研究者将 Transformer 网络用于处理多媒体情感数据时,网络中的源模态和目标模态对应于同一个模态。例如,Hazarika 等人[97]提出一个提取模态共有情感信息和模态私有情感信息的多模态情感信息融合模型。通过 Transformer 网络可以计算得到文本模态内部的情感语义上下文相关性信息,接着将计算得到的文本情感上下文相关性信息作为文本模态的情感状态判别特征信息。不同于 Hazarika 只是采用自注意力机制提取文本模态的特征信息，Rahman 等人[98]提出一个多模态自适应注意力门控机制。在 Transformer 的输出层上将语音模态和视频模态这两种非语义模态嵌入到文本模态中，即采用非语义模态对语义模态进行微调操作，可以构建出更为准确的多模态语义表征空间；接着将构建得到的多模态情感语义信息传送到 Transformer 网络，通过自注意力机制学习得到多个模态之间的多模态情感上下文相关性信息。

可以发现以上 Transformer 网络计算复杂度随着数据尺寸的增加而极速增加，为此研究者提出了一系列轻量级 Transformer 网络用于多模态情感分析。例如，Chen 等人[99]提出一个基于稀疏化 Transformer 的轻量级多模态情感信息融合网络。Chen 通过一种采样函数对输入模态进行稀疏化处理，即从模态内部抽取部分关键元素信息，同时可以计算得到对应的二值注意力矩阵。接着将二值注意力矩阵作用到原始注意力系数上（原始注意力系数是基于查询向量和键向量计算得到的），进一步强化目标模态中与源模态最为相关的信息部分。Cui 等人[100]提出一个基于稀疏自注意力机制的多模态融合学习网络，采用一个稀疏化映射方法取代传统 Transformer 网络中的注意力系数计算方法[101]。以上稀疏化映射方法通过结合约束因子和注意力系数概率分布值，计算得到加权注意力系数概率分布值；接着将归一化函数作用于加权注意力系数概率分布值，可以学习得到较为稀疏的注意力空间。通过以上注意力稀疏化操作，可以有效强化文本模态中具有邻域相关性的单词，同时弱化不具备邻域相关性的单词。

为了计算得到不同模态之间的跨模态情感上下文相关性信息，研究者进一步提出了基于跨模态注意力机制的多模态情感信息融合模型。例如，Tsai[102]等人提出一个基于二路跨模态注意力机制的多模态情感融合模型。Tsai 为文本模态、语音模态和视频模态中的任意两个模态都分别构建了前向和反向跨模态注意力模块。在 Tsai 提出的跨模态注意力机制中，查询向量是基于源模态构建得到的，键向量以及值向量是基于目标模态构建得到的。基于源模态和目标模态可以构建得到一个二路跨模态情感表征空间，可以以一种显式交互方式从二路跨模态情感表征空间中计算得到跨模态情感交互信息。通过上述操作可以有效学习得到源模态和目标模态之间的情感上下文相关性信息。接着，将以上多个跨模态注意力模块的输出信息（跨模态情感上下文相关性信息）进一步整合得到多模态情感上下文相关性信息。

为了同时计算得到模态内部以及跨模态情感上下文相关性信息，研究者提出了自注意力机制和跨模态注意力机制联合的 Transformer 网络。例如，Delbrouck 等人[103]进一步提出一个基于联合注意力机制的单向多模态情感分析模型。通过为文本模态构建基于自注力机制的 Transformer 网络，可以学习得到文本模态内部的情感上下文相关性信息；接着，通过为文本和视频构建基于跨模态注意力机制的 Transformer 网络，可以学习得到文本到视频的单向跨模态情感上下文信息。Lu 等人[104]提出一个基于联合注意力机制的双向多模态情感分析模型。Lu 为视频和文本模态构建了两个基于跨模态注意力机制的 Transformer 网络，可以同时学习得到视频和文本的前向和反向跨模态情感上下文信息。Chen 等人[105-106]提出一个跨模态注意力机制，它可以完成视频模态和文本模态的联合分析任务。网络中的查询向量是基于源模态构建得到的，键向量以及值向量是基于源模态和目标模态的拼接数据构建得到的。Yang 等人[107]提出一个基于掩码机制的跨模态注意力机制。以上框架为文本模态和语音模态分别构建了对应的文本和语音 Transformer 网络，通过对两个网络输出信息进行加权求和操作计算得到跨模态掩码注意力矩阵。接着，结合跨模态掩码注意力矩阵和文本模态数据，学习得到文本模态和语音模态的跨模态上下文相关性信息。

通过上述文献调研可以发现，上述二路跨模态注意力机制受模态个数和模态交互方向的限制，只能学习得到单个源模态到单个目标模态的单向跨模态情感上下文相关信息。以上模型只能学习得到两个模态之间的局部跨模态情感上下文相关性信息，而无法计算得到多个模态之间复杂丰富的全局多模态情感上下文相关性信息。同时，以上网络需要同时构建多个二路跨模态注意力模块，才能完成多模态情感信息融合任务。综上所述，本书将在二路跨模态注意力机制研究基础上，对多路多模态注意力机制展开具体研究。

1.2.4　基于注意力机制的多模态学习研究

由于注意力机制能够有效提取情感模态数据的情感上下文相关性信息，因此被广泛应用于多模态情感信息融合网络研究中。现有注意力机制可以划分为自上而下注意力机制和自下而上注意力机制。自上而下注意力机制对应于静态注意力机制，自下而上注意力机制对应于动态注意力机制。自上而下注意力机制中的注意力系数对应于查询矩阵和键矩阵之间的相似性。上述注意力系数的计算过程不包含循环迭代更新的步骤，只能学习得到粗粒度情感上下文相关性信息。自下而上注意力机制则是通过循环迭代方式对注意力系数进行动态更新，可以学习得到细粒度情感上下文相关性信息。

研究者采用自上而下注意力机制这种显式学习方式计算不同模态之间的多模态融合信息。例如，Delbrouck 等人[108]提出一种基于跨模态注意力机制的多模态情感分析模型，该模型采用自注意力机制计算文本和语音模态情感上下文相关性信息，接着将以上情感上下文相关性信息传送到跨模态注意力机制模块，计算得到跨模态情感上下文相关性信息。

Huang 等人[109]在计算源模态和目标模态之间的跨模态上下文相关性时，采用一个中间注意力矩阵同时衡量源模态和目标模态之间的相似性内容。具体计算过程是在注意力矩阵左边乘上目标模态信息，同时在注意力矩阵右边乘上源模态信息。Huang 等人[110]在计算视频模态和文本模态之间的跨模态情感上下文相关性时，采用激活函数分别计算视频模态以及文本模态的模态内部上下文相关性；接着采用前向网络[111]计算文本模态上下文相关性和视频模态上下文相关性之间的跨模态上下文相关性信息。Huddar 等人[112]提出一种结合注意力机制和双向长短时记忆网络的多模态情感信息融合网络：将文本模态、语音模态和视频模态进行两两拼接，计算得到多个跨模态数据；接着，将以上跨模态信息传送到双向长短时记忆网络，可以有效学习得到跨模态情感上下文相关性信息。

基于以上单流自上而下注意力机制网络，研究者进一步提出了双流自上而下注意力机制网络。例如，Tan 等人[113]提出一种基于双流自上而下注意力机制的多模态学习网络，通过该网络能够有效学习得到文本模态和视频模态之间的跨模态交互信息。通过对基于自注意力机制的编码器网络分别计算得到文本模态和视频模态的模态内部上下文相关性信息；接着将以上网络输出信息传送到基于跨模态注意力机制的双向编码器网络，计算得到跨模态上下文相关性信息。Yu 等人[114]提出结合文本结构相关性和注意力机制的双流自上而下注意力机制网络。上述网络将视频模态编码器的输出信息和文本结构相关性信息传送到双向编码器中，计算得到文本模态和视频模态之间的跨模态交互信息。Lee 等人[115]提出一种基于双流编码器的跨模态交互网络，通过该网络可以学习得到语音模态和视频模态中的跨模态交互信息。通过转换网络将语音模态转换成视频模态，可以计算得到前向跨模态交互信息；接着通过转换网络将视频模态转换成语音模态，可以计算得到反向跨模态交互信息。

基于以上单流和双流自上而下注意力机制网络，研究者进一步提出了通用注意力机制网络。例如，Bugliarello 等人[116]提出一种取代单流和双流注意力机制网络的通用注意力机制网络。以上网络在模态内部和跨模态注意力矩阵上分别增加了 1 个开关系数，系数的底数取负无穷，系数的指数取标量 0 或 1。当模态内部注意力矩阵的开关系数的指数取值为标量 0，同时跨模态注意力矩阵的开关系数的指数取值为标量 1 时，可以学习得到模态内部情感上下文相关性信息。当模态内部注意力矩阵的开关系数的指数取值为标量 1，同时跨模态注意力矩阵的开关系数的指数取值为标量 0 时，可以学习得到跨模态情感上下文相关性信息。Wei 等人[117]提出一种基于注意力机制的跨模态交互模型。采用自上而下注意力机制模块计算得到模态内部上下文相关性信息，采用跨模态注意力机制模块计算得到跨模态上下文相关性信息。Chauhan 等人[118]提出一种基于交互注意力机制的多模态情感信息融合模型，为任意模态对构建跨模态转换的网络，可以同时计算得到前向和反向跨模态情感上下文相关性信息。

除了上述自上而下注意力机制之外，研究者采用自下而上注意力机制这种非显式交互方式计算模态之间的相关性信息。自下而上注意力机制关注的是底层模态表征空间与高层高级抽象表征空间的相关性信息，高级抽象表征空间可以理解为不同模态表征空间的一致性表征空间。以上相关性程度可以用动态路由系数来表示，通过动态路由机制动态更新得到。例如，McIntosh 等人[119]提出一种基于跨模态胶囊网络的多模态学习模型，能够有效提取视频模态和文本模态之间的相似性信息。通过为视频模态以及文本模态分别构建对应的视频胶囊网络以及文本胶囊网络[120]，可以学习得到视频模态以及文本模态内部的上下文相关性信息。接着，采用动态路由算法计算视频模态以及文本模态之间的相似性信息。Lin 等人[121]则是将文本模态和视频模态数据拼接成跨模态表示信息，接着将跨模态表示信息传送到胶囊网络中，计算得到文本模态和视频模态之间的跨模态上下文相关性信息。

通过以上文献调研可以发现，以上两种注意力机制都无法充分学习得到复杂情感上下文相关性信息。自上而下注意力机制只能学习得到静态的粗粒度多模态情感上下文相关性信息，而自下而上注意力机制这种非显式交互方式又无法充分学习得到多种情感模态之间的复杂交互信息。此外，以上两种注意力机制完全忽略了模态内部的复杂情感上下文相关性信息。因此，若单独采用自上而下注意力机制或自下而上注意力机制处理多模态情感分析任务，则无法充分学习得到模态内部以及模态之间的复杂情感上下相关性信息。鉴于此，本书将对能够充分学习得到模态内部以及模态之间的复杂情感上下相关性信息的多模态情感信息融合模型展开研究。

1.2.5　多模态情感分析数据库

多模态情感分析数据库 CMU-MOSI[154]包含了 YouTube 网站上 89 位演讲者关于 93 部电影的评价视频，总共包含 2199 个电影评价视频片段，视频中记录了演讲者的面部表情、语音和文本数据。每一个视频片段都具有对应的情感标签，标签的取值范围在−3～＋3 之间。−3 对应于高度负面情绪，−2 对应于负面情绪，−1 对应于弱负面情绪，0 对应于中性情绪，＋1 对应于弱正面情绪，＋2 对应于正面情绪，＋3 对应于高度正面情绪。在对应的多模态情感分析模型学习阶段，以上 2199 个电影评价视频片段被划分成 1284 个训练样本、229 个验证样本以及 686 个测试样本。为了保证情感判别结果的有效性，同一个个体的数据不会同时出现在训练集合、验证集合以及测试集合中，对应的多模态情感信息融合模型可以学习得到个体无关的多模态情感交互信息。

多模态情感分析数据库 CMU-MOSEI[155] 是 CMU-MOSI 数据库的扩展版本，它在 CMU-MOSI 数据库的基础上收集了更多的电影评价视频，总共包含 250 个不同话题以及 1000 个不同被试。CMU-MOSEI 数据库中的视频被分割成 23 453 个片段信息，其中 15 290 个片段信息被划分到训练集合，2291 个片段信息被划分到验证集合，4832 个片段信息被划分到测试集合。同一个被试的数据不会同时出现在训练集合、验证集合和测试集合中。CMU-MOSEI 数据库的情感标签和模态类型与 CMU-MOSI 数据库一致。

多模态情感分析数据库 MELD[129] 包含了从电视剧《朋友》上截取下来的 13708 个对话视频片段，视频中包含演员的面部表情、语音和文本数据，每一个对话片段都包含对应的情感标签或者指标。情感标签对应于以下 7 种离散的情绪，分别为愤怒(anger)、厌恶(disgust)、恐惧(fear)、快乐(joy)、平静(neutral)、悲伤(sadness)和惊喜(surprise)。情感指标对应于积极情感维度、平静情感维度和消极情感维度上的连续数值。原始 MELD 情感数据库根据情感标签或指标可以被划分成两类情感子数据库 MELD(基于连续情感)以及 MELD(基于离散情感)。为了和其他对比模型保持一致，本书只在情感子数据库 MELD(基于离散情感)上进行情感分析任务。以上 13708 个对话视频片段被分割成 9989 个训练样本、1109 个验证样本以及 2610 个测试样本。

多模态情感分析数据库 IEMOCAP[156] 记录了 10 位演员按照脚本进行的动态情景对话，总共包含 302 个视频，视频中包含演员的面部表情、语音和文本数据。每个视频都被分割成对应的片段信息，每一个片段信息都包含对应的离散情感状态标签(平静情绪、恐惧情绪、高兴情绪、愤怒情绪、失望情绪、伤心情绪、疲惫情绪、兴奋情绪以及惊喜情绪)，同时也包含着对应的情感维度上的连续数值(支配维度，效价维度，唤起维度)。302 个对话视频被分割成 9955 个片段信息，其中 6373 个片段信息被划分到训练集合，1775 个片段信息被划分到验证集合，1807 个片段信息被划分到测试集合。

POM 多模态电影评价数据库[126] 包含 903 个积极电影评价视频以及消极电影评价视频。积极的电影评价视频表明演讲者当前的情绪是积极正面的；消极的电影评价视频表明演讲者当前的情绪是消极负面的。每一个电影评价视频都包含着经过预处理分析和对齐操作的文本模态、视频模态以及语音模态信息，同时也包含着对应的情感信息评估值，数值范围在 1～5 之间(或 1～7 之间)。情感信息总共包含以下几类情感类型：自信(confident, con)、狂热(passionate, pas)、强势(dominant, dom)、生动(vivid, viv)、专业(expertise, exp)和有趣(entertaining, ent)等。在多模态情感信息融合模型训练阶段，以上 903 个电影评价视频片段被分割成 600 个训练样本、100 个验证样本以及 203 个测试样本。

1.3　本书研究的内容

　　结合不同多媒体数据的多模态情感信息融合网络通过计算多个模态之间的情感一致性信息和互补性信息，可以得到更为精确的情感分类结果。尽管现有的多模态情感信息融合网络在情感分析领域已经取得了显著进展，但是目前仍然存在以下问题：

　　（1）在输入层无法有效应对多个模态缺失。

　　现有多模态情感信息融合模型对模态缺失问题异常敏感，它需要将所有模态都传送到融合网络的输入层，才能够完成多模态情感判别分析任务。同时，可以发现现有多模态情感信息融合模型一般先采用编码器处理源模态，计算得到和目标模态相似的中间模态，接着将中间模态以及目标模态传送到解码器网络，最后根据中间模态和目标模态之间的相似程度反向调整编码器网络。因此，每一个跨模态转换网络都需要编码器以及解码器模块共同参与分析任务，导致构建得到的多模态情感信息融合框架过于冗余和复杂，不利于应对复杂多模态情感分析任务。

　　（2）在池化层面模态个数和模态交互阶数受限。

　　由于受模态个数和模态交互阶数的限制，现有多模态情感信息融合网络只能计算得到多个模态之间的二线性或三线性多模态情感交互信息，无法计算得到多个模态之间更为复杂丰富的高阶多线性情感交互信息。可以发现，现有多模态情感信息融合网络并不具备足够充分的情感分析能力，无法有效应对复杂多模态情感分析任务。此外，现有多模态情感信息融合网络只在单个阶数固定的情感表征空间内进行多模态情感分析任务，忽略了多个混阶情感表征子空间之间的潜在情感状态变化信息。

　　（3）在局部交互层面模态个数和模态交互方向受限。

　　近年受来，由转换网络可以计算得到源模态和目标模态之间的跨模态情感上下文相关性信息，因此转换网络被广泛应用于情感分析领域。然而，由以上多模态情感信息融合网络只能学习得到单个源模态到单个目标模态的单向跨模态情感上下文相关信息，无法计算得到任意多个模态的任意交互方向的复杂多模态情感上下文相关性信息。可以发现，以上多模态情感信息融合框架受到模态个数的限制，即注意力处理模块最多只能同时处理一个源模态和一个目标模态。此外，以上框架也受到模态交互方向的限制，即交互方向只能从源模态到目标模态。

（4）在全局交互层面的复杂情感上下文相关性信息学习不充分问题。

现有自上而下注意力机制只能学习得到静态的粗粒度多模态情感上下文相关性信息。无法通过自下而上注意力机制这种非显式交互方式学习得到不同模态之间的复杂情感上下文相关性信息。此外，以上两种注意力机制完全忽略了模态内部的复杂情感上下文相关性信息。若单独采用自上而下注意力机制或自下而上注意力机制处理多模态情感信息融合任务，则无法充分学习得到模态内部以及模态之间的细粒度复杂情感上下文相关性信息。

针对多模态情感信息融合网络输入层的模态缺失等问题，本书提出了一系列创新性的解决方案。

本书的主要创新点总结如下：

（1）提出了一种基于对偶学习的对偶转换融合网络。

本书提出的一个对偶转换融合网络，能够同时计算得到模态之间的前向和反向跨模态情感上下文相关性信息。对偶学习结构可以确保当一个模态缺失时，对应的跨模态转换网络仍然能够学习得到模态之间的双向跨模态情感上下文相关性信息。也就是说，对偶转换融合网络能够有效应对多模态情感信息融合网络输入层的模态数据缺失问题。此外，本书提出采用循环一致性约束用来取代现有模态转换网络中的解码器，构建一个相对轻量级的多模态情感信息融合网络。值得注意的是，将单个模态传送到融合网络的输入层，所提出的多模态情感信息融合框架仍然能够学习得到多模态情感上下文相关性信息。相比于现有多模态情感信息融合网络，多模态情感信息融合框架能够有效应对输入层的多个模态缺失问题，为多模态情感分析领域提供了更多的可能性。

（2）提出了一种高阶多项式张量池化模块和混阶多项式张量池化模块。

本书提出了一个高阶多项式张量池化模块，可以学习得到任意多个模态的任意高阶多线性多模态情感交互信息，在一定程度上可以提升多模态情感分析模型的学习性能。基于高阶多项式张量池化模块，进一步构建得到一个分层多模态情感信息融合框架，通过循环迭代的方式学习得到全局多模态情感交互信息。接着，提出了一个混阶多项式张量池化模块，通过自适应激活多个混阶多模态情感表征子空间内与情感分析任务最为相关的位置信息，计算得到潜在的情感状态变化信息。基于混阶多项式张量池化模块，进一步构建得到一个树状多模态情感信息融合模型，通过对同一个网络层同时施加多个情感分析策略，计算得到多层次复杂多模态情感交互信息。

（3）提出了一种多路多模态注意力网络。

本书提出了一种基于多路多模态注意力机制的多模态情感信息融合模型，能够学习得到任意多个模态之间的任意交互方向的复杂多路多模态情感交互信息。采用低秩张量网络可以构建出对应的多路多模态注意力张量，张量中的任意模态既是源模态也是目标模态。基于以上注意力张量可以在多路多模态情感表征空间内充分计算得到复杂多路多模态情感交互信息，一定程度上可以提升模型学习性能。基于多路多模态注意力机制模块，进一步构建得到一个分层多模态情感信息融合框架，通过循环迭代的学习方式计算得到较高层次的复杂多模态情感交互信息。值得注意的是，本书所提出的多路多模态注意力机制模块的参数量随着模态个数的增加呈线性增长趋势而非指数级增长趋势，可以有效避免多模态注意力张量的维数灾难问题。

（4）提出了一种双向注意力胶囊网络。

本书提出了一个基于双向注意力胶囊网络的多模态情感信息融合网络，能够充分学习得到模态内部以及模态之间的复杂情感上下文相关性信息。在预处理阶段提出了多模态动态增强模块，能够计算得到模态内部复杂情感上下文相关信息，有助于下游网络高效计算模态间交互信息。本书所提出的双向动态多模态路由机制，可以在以上多个模态之间进行"自上而下"注意力机制和"自下而上"注意力机制互相联合的双向动态多模态情感分析。以上双向动态多模态路由机制可以在多模态情感表征空间内充分学习得到动态细粒度多模态情感上下文相关性信息，在一定程度上能够提升多模态情感信息融合模型的学习性能。

1.4　本书章节安排

本书具体组织安排如下：

第1章主要介绍情感分析的背景和重要性、多模态情感分析的意义、国内外研究者们关于多模态情感信息融合网络的研究进展、本书关于多模态情感信息融合网络的问题总结和对应的研究内容。

第2章针对多模态情感信息融合网络输入层的模态缺失问题，提出了一种基于对偶学习的对偶转换融合网络。接着，在两个公开多模态情感数据库上验证了对偶转换融合网络应对模态数据缺失问题的有效性和优越性。

第3章针对多模态情感信息融合网络池化层的模态个数和模态交互阶数受限问题，提出高阶多项式张量池化模块和混阶多项式张量池化模块，同时提出了对应的分层多模态融合框架以及树状多模态融合框架。此外，在三个公开多模态情感数据库上验证了以上两种多模态融合框架的有效性和优越性。

　　第 4 章针对多模态情感信息融合网络中局部交互层面的模态个数和模态交互方向受限问题，提出了一种多路多模态注意力网络以及对应的分层多模态融合框架。接着，在两个公开多模态情感数据库上验证了多路多模态注意力网络的有效性和优越性。

　　第 5 章针对多模态情感信息融合网络中全局交互层面的复杂情感上下文相关性信息学习不充分问题，提出了一种双向注意力胶囊网络。接着，在两个公开多模态情感数据库上验证了双向注意力胶囊网络的有效性和优越性。

　　第 6 章主要是对本书工作的总结，并介绍了未来的研究计划。

第 2 章　基于对偶转换网络的多模态情感信息融合网络

现有多模态情感信息融合模型需要将所有模态都传送到输入层上，才能完成多模态融合任务，对模态缺失问题异常敏感。针对以上模态缺失问题，本章首先提出了一个基于对偶学习的对偶转换融合网络 CTFN(coupled-translation fusion network)，该网络能够同时计算得到前向和反向跨模态情感交互信息。对偶学习结构可以确保当其中一个模态缺失时，模型仍然能够学习得到跨模态情感交互信息，从而可以有效应对模态缺失问题。此外，本章提出用循环一致性约束来取代转换网络中的解码器，构建一个轻量级多模态情感分析网络。基于对偶转换网络，进一步构建得到一个分层多模态融合框架，可以学习得到多个双向跨模态情感交互信息。接着，本章提出了一个多模态卷积融合网络，通过该网络可以进一步计算得到双向跨模态情感交互信息之间潜在的交互特性。两个公开多模态情感数据库的实验结果证明了所提出的对偶转换网络的有效性和优越性。此外，将单个模态传送到网络的输入层上，仍然能够由对偶转换网络计算得到多模态情感交互信息。

2.1　引　　言

近年来，由于人工智能领域涌现了大量情感分析任务(电影评价[122]，商品推荐[123]，情感对话机器人[124]等)，情感分析受到越来越多研究者的关注与讨论[51]。在以上情感分析任务中，文本模态[84]、视频模态[86]和语音模态[115]是最常被用于情感分析的模态数据。基于以上模态数据，可以有效学习得到个体当前情感状态信息和后续情感意图信息[135]。研究表明不同模态数据之间存在情感状态一致性信息和互补性信息，因此研究者多采用关联建模的方式计算不同模态数据之间的联合表征信息，使得情感分析模型具有更强的鲁棒性[125]。此外，随着数据采集技术的高速发展，研究者构建了各种大型多模态情感分析数据库，为多模态情感分析模型的构建和分析提供了可靠的数据来源[126]。

多模态情感分析旨在以一种关联建模的学习方式从不同模态数据中挖掘得到更为复杂

丰富的多模态情感交互信息，从而可以在一定程度上提升情感分析模型的学习性能[122]。传统多模态情感信息融合模型可以归类为以下几种类型，分别是早期融合模型[77]、决策融合模型[139]和混合融合模型[140]。早期融合模型一般是将不同模态特征的拼接信息传送到情感分析模型的输入层上，接着采用一个分类器进行情感状态判别。决策融合模型一般是采用不同的决策分析模型处理对应模态信息，接着采用投票机制对计算得到的多个情感状态判别结果进行整合分析。混合融合模型可以看作是早期融合模型和决策融合模型的混合版本，采用不同模型计算不同模态的情感特征信息，接着将以上特征信息的拼接信息传送到分类器中，计算得到更为鲁棒的情感状态判别结果。然而以上传统多模态情感分析模型忽略了不同模态数据之间的情感上下文相关性信息[127]，因此无法有效挖掘得到相对准确的多模态情感特性信息。例如，文本数据的当前时刻对应的是一个可以体现开心情绪的单词，然而视频数据的下一时刻才出现了一张笑脸图片。上述例子表明，文本模态和视频模态中的特定情绪信息出现的时间节点可能并不一致。

　　由基于自注意力机制的转换器网络（Transformer）[128]能够计算得到不同模态数据的情感上下文相关性信息，因此该网络被广泛应用于多模态情感分析领域[99]。基于转换器网络，Tsai 等人[102]提出一种基于二路跨模态注意力机制的多模态情感信息融合网络。上述融合网络能够在将一种模态数据转换得到另一种模态数据的模态转换过程中，以一种端到端的学习方式直接从非对齐的不同模态数据中学习得到跨模态情感上下文相关性信息。通过跨模态注意力机制自适应挖掘得到的跨模态情感上下文相关性信息，对应更为精确的多模态情感融合信息。上述操作表明，通过注意力机制对不同模态数据进行远距离关联建模，可以在一定程度上有效应对多模态数据的不一致问题。在 Tsai 的研究基础上，Wang 等人[75]提出一种基于双向转换模块的多模态情感信息融合网络，其中一个转换器用于前向跨模态转换任务，另一个转换器用于反向跨模态转换任务。由这种并行学习架构可以同时计算得到前向跨模态情感上下文相关性信息（基于 A 模态转换得到 B 模态），和反向跨模态情感上下文相关性信息（基于 B 模态转换得到 A 模态）。由上述融合网络可以学习得到多个模态之间更为丰富复杂的跨模态情感上下文相关性信息，在一定程度上可以提高对应多模态情感信息融合模型的情感状态判别能力和学习性能。

　　然而以上多模态情感信息融合模型一般只将文本模态作为核心模态，即以文本模态作为主导模态来主导多模态情感信息融合任务。例如将文本模态作为中间模态信息，进行文本模态到语音模态的转换学习任务和文本模态到视频模态的转换学习任务。可以发现，以上多模态情感信息融合任务一般将语音模态以及视频模态作为补充模态用来辅助多模态情感信息交互分析。这种区别对待的方式，使得多模态情感信息融合模型无法充分学习得到不同模态数据之间的复杂且全面的多模态情感交互信息。此外，以上多模态情感信息融合模型一般将前向和反向跨模态情感上下文相关性信息的拼接信息传送到分类器中，类似于传统多模态情感信息融合分析中的早期融合操作。上述操作将前向和反向跨模态情感上下文相关性信息强行整合到同一个情感表征空间内，完全忽略了前向以及反向跨模态情感上下文相关性信息之间的差异性问题。这种拼接操作可能会构建得到一个数据分布较大的多模态情感表征空间，导致由多模态情感分析模型无法有效学习得到更精确的多模态情感交互信息。

除此之外，以上基于转换器网络的多模态情感信息融合模型一般先采用编码器生成和目标模态相似的中间模态数据，接着采用解码器计算中间模态数据和目标模态的相似程度信息。基于计算得到的相似程度信息，可以反向调整编码器的训练过程，直到中间模态数据和目标模态的相似程度小于阈值时，终止整个模型的训练任务。因此，每一个跨模态转换网络都需要编码器以及解码器模块，导致构建得到的多模态情感分析框架过于冗余和复杂，不利于应对复杂多模态情感分析任务。更为重要的是，以上多模态情感信息融合模型需要将所有模态数据都传送到网络输入层上，从而才能够完成情感分析任务，因此以上网络对模态数据缺失问题异常敏感。

为了解决以上问题，本书提出了一个基于对偶学习的对偶转换融合网络 CTFN，可以有效应对多模态情感信息融合网络中输入层的模态数据缺失问题。在对偶转换融合网络中提出了循环一致性约束，可以有效提升情感模态转换性能，从而可以取代现有转换网络的解码器模块。这意味着，对偶转换网路采用编码器就可以实现对应的跨模态转换任务，并以一种轻量级的方式有效学习得到多种模态之间的多模态情感上下文相关性信息。基于对偶学习，对偶转换网络可以以一种并行学习的方式同时计算得到前向和反向跨模态情感上下文相关性信息。基于对偶转换网络，本书进一步提出了分层多模态学习框架，通过该框架能够同时学习得到任意两模态之间的跨模态情感上下文相关性信息。这意味着，在模态转换学习过程中，所有模态数据既可以是源模态也可以是目标模态。每个模态都可以成为多模态情感学习中的核心模态数据，从而可以引导完成对应的多模态情感信息融合任务，充分发挥每一个模态对情感分析任务的作用。接着，本书提出了一个多模态卷积融合模块，可以进一步挖掘所有包含同一个源模态(或目标模态)的跨模态情感上下文相关性信息之间深层次的交互信息。更为重要的是，将单一模态传送到输入层上，对偶转换网络仍然能够学习得到多模态情感上下文信息。

为了验证所提出的对偶转换融合网络的有效性，本书在公开多模态情感分析数据库 CMU-MOSI 以及 MELD 上进行了对应的多模态情感判别分析。实验结果表明，对偶转换网络能够取得最佳的多模态情感判别结果，或是能够取得与其他对比模型相近的多模态情感判别结果。同时，本书对基于对偶转换网络的多模态情感信息融合模型开展了多个消融实验，能够更精确衡量具体模块对情感分析任务的贡献与作用。

2.2　基于对偶转换网络的多模态融合网络构建

本书提出了一个对偶转换网络 CTFN，可以计算得到多个模态之间的双向跨模态情感上下文相关性信息。对偶转换网络包含前向跨模态转换模块和反向跨模态转换模块，可以同时完成主转换任务和对偶转换任务。前向跨模态转换模块的任务是将源模态转换成目标模态，接着将输出信息作为源模态数据传送到反向跨模态转换模块中。本书提出了一种对偶循环一致性约束，将主转换任务和对偶转换任务连接成一个封闭环状结构，可以学习得到更具情感表征能力的跨模态情感上下文相关性信息。基于 CTFN，本书进一步提出了分层多模态情感分析框架，可以同时学习得到多个跨模态情感上下文相关性信息。接着提出了多模态卷积融合网络，可以进一步学习得到跨模态情感上下文相关性之间的潜在交互信息。

2.2.1　对偶转换网络

本书引入两个公开多模态情感分析数据库 CMU-MOSI 和 MELD 用来验证 CTFN 的有效性，以上数据库都包含文本模态、语音模态和视频模态。以上单词级别的情感模态的数据表示分别为 $X_a \in \mathbb{R}^{T_a \times d_a}$（语音模态），$X_v \in \mathbb{R}^{T_v \times d_v}$（视频模态），$X_t \in \mathbb{R}^{T_t \times d_t}$（文本模态）。$\{T_a, T_v, T_t\}$ 为单词个数（时间刻度大小），$\{d_a, d_v, d_t\}$ 为每一个单词对应的模态特征向量长度。

针对基于语音模态和视频模态的跨模态情感分析任务，构建一个对应的基于对偶学习的对偶转换融合网络 CTFN，可以计算得到语音模态和视频模态之间的跨模态情感上下文相关性信息。对于 CTFN 网络中的主转换任务，将构建得到一个前向跨模态转换模块 $\text{Tran}_{A \to V}(X_a, X_v)$，将语音模态转换成视频模态。对于上述 CTFN 网络中的对偶转换任务，将构建得到一个反向跨模态转换模块 $\text{Tran}_{V \to A}(X_v, X_a)$，将视频模态转换成语音模态。

　　由于 Transformer 网络广泛应用于 NLP 领域的多项分析任务中，因此本书采用 Transformer 网络中的编码器构建前向和反向跨模态转换模块，计算多个模态之间的长时跨模态情感上下文相关性信息。此外，本章提出用对偶循环一致性约束来取代解码器模块，以一种轻量级的方式提升转换网络的模态转换性能。值得注意的是，由对偶循环一致性约束能够将主转换任务以及对偶转换任务整合成对偶封闭环状结构，可以得到更为精确的双向跨模态情感信息融合表示。综上所述，主转换任务可以训练得到前向跨模态转换模块 $\text{Tran}_{A \to V}$，由对偶转换任务可以训练得到反向跨模态转换模块 $\text{Tran}_{V \to A}$，对应的跨模态转换网络示意图参见图 2.1。

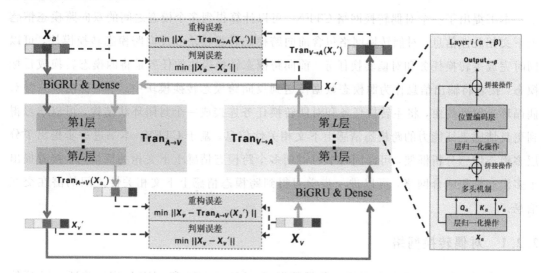

图 2.1　对偶转换网络 CTFN 示意图

　　对于 CTFN 网络中的主转换任务，采用一个线性网络将语音模态数据 $X_a \in \mathbb{R}^{T_a \times d_a}$ 映射到一个线性表征空间内，计算得到对应的语音模态线性表示 $X_a \in \mathbb{R}^{T_a \times L_a}$，其中超参数 L_a 对应的是线性网络的输出向量长度。主转换网络中包含的关键参数为查询矩阵 $Q_a = X_a W_{Q_a} \in \mathbb{R}^{T_a \times L_a}$，键矩阵 $K_a = X_a W_{K_a} \in \mathbb{R}^{T_a \times L_a}$ 以及值矩阵 $V_a = X_a W_{V_a} \in \mathbb{R}^{T_a \times L_a}$，其中 $\{W_{Q_a} \in \mathbb{R}^{T_a \times L_a}, W_{K_a} \in \mathbb{R}^{T_a \times L_a}, W_{V_a} \in \mathbb{R}^{T_a \times L_a}\}$ 为对应的权重矩阵。前向跨模态转换任务可以表示成以下形式：$X'_v = \text{Tran}_{A \to V}(X_a, X_v) \in \mathbb{R}^{T_a \times L_a}$，其中 X'_v 为视频模态数据 X_v 的近似表示，$\sqrt{L_a}$ 对应于缩放系数。

　　在主转换任务中，语音模态数据 X_a 直接参与前向跨模态转换模块 $\text{Tran}_{A \to V}$ 的构建，即参与跨模态情感上下文相关性的计算。视频模态数据 X_v 则是用来计算原始视频模态 X_v 和视频模态近似表示 X'_v 的相似度，即用来判断由前向跨模态转换模块是否能学习得到一个无限接近原始视频模态 X_v 的近似表示数据 X'_v。接着，将 X'_v 传送到反向跨模态转换模块 $\text{Tran}_{V \to A}$ 中，学习得到语音模态 X_a 的重构信息 $X'_a = \text{Tran}_{V \to A}(X'_v, X_a) \in \mathbb{R}^{T_a \times L_a}$。同样的，原始视频模态 X_v 的近似表示数据 X'_v 直接参与反向跨模态转换模块 $\text{Tran}_{V \to A}$ 的构建。语音模态数据 X_a 则是用来计算原始语音模态 X_a 和重构语音模态信息 X'_a 的相似度，即用来判断由反向跨模态转换模块是否学习得到一个无限接近原始视频模态 X_a 的语音模态重构信息 X'_a。

$$X'_v = \text{Tran}_{A \to V}(X_a, X_v) = \text{softmax}\left(\frac{Q_a K_a^T}{\sqrt{L_a}}\right) V_a$$

$$= \text{softmax}\left(\frac{X_a W_{Q_a} W_{K_a}^T X_a^T}{\sqrt{L_a}}\right) X_a W_{V_a} \tag{2.1}$$

对于 CTFN 网络中的对偶转换任务，采用一个线性网络将视频模态 $X_v \in \mathbb{R}^{T_v \times d_v}$ 映射到一个线性表征空间内，计算得到对应的视频模态线性表示 $X_v \in \mathbb{R}^{T_v \times L_v}$。前向跨模态转换任务可以表示成以下形式：$X'_a = \text{Tran}_{V \to A}(X_v, X_a) \in \mathbb{R}^{T_v \times L_a}$。接着，将 X'_a 传送到反向跨模态转换模块 $\text{Tran}_{A \to V}$ 中，学习得到视频模态数据 X_v 的重构信息 $X'_v = \text{Tran}_{A \to V}(X'_a, X_v) \in \mathbb{R}^{T_v \times L_v}$。值得注意的是，前向跨模态转换模块 $\text{Tran}_{V \to A}$ 以及反向跨模态转换模块 $\text{Tran}_{A \to V}$ 都包含了多个相连的解码器网络层。第 $L-1$ 层解码器网络的输出信息可以传送到第 L 层解码器网络上，作为第 L 层解码器网络的输入信息。

由于第 $L/2$ 层之前的网络层包含了更多的源模态特性信息，而第 $L/2$ 层之后的网络层则包含了更多的目标模态特性信息。因此，本章将前向跨模态转换模块 $\text{Tran}_{V \to A}$ 以及反向跨模态转换模块 $\text{Tran}_{A \to V}$ 中间网络层（即第 $L/2$ 层）的输出信息作为跨模态情感上下文相关性信息。L 对应于解码器的网络层数，当 L 为奇数时，中间网络层对应于第 $(L+1)/2$ 层。对于不同多模态数据库以及不同多模态学习任务而言，中间网络层的设定有可能有所不同。以下为主转换任务中前向跨模态转换模块 $\text{Tran}_{A \to V}$ 的学习过程：

$$\text{Out}_{A \to V}^{[0]} = X_a + \text{Pe}(T_a, L_a)$$

$$\widehat{\text{Out}}_{A \to V}^{[l]} = \text{Tran}_{A \to V}^{[l]}(\text{LN}(\text{Out}_{A \to V}^{[l-1]})) \tag{2.2}$$

$$\widehat{\text{Out}}_{A \to V}^{[l]} = f_{A \to V}^{[l]}(\text{LN}(\text{Out}_{A \to V}^{[l]}))$$

其中 $l \in \{1, 2, \cdots, L\}$，$\text{Pe}(T_a, L_a) \in \mathbb{R}^{T_a \times L_a}$ 可以计算语音模态数据 X_a 中每一个元素的

位置信息，$\text{Out}_{A\to V}^{[0]}$ 对应于语音模态数据 X_a 较为低层次的情感特性信息，f 对应于前向反馈学习网络，LN 对应于数据标准化处理网络层。

在 CTFN 网络中的主转换任务训练过程中，存在对应的中间奖励信息 $r_p = \|X_a - \text{Tran}_{V\to A}(X_v')\|$；在 CTFN 网络中的对偶转换任务训练过程中，也存在对应的中间奖励信息 $r_d = \|X_v - \text{Tran}_{A\to V}(X_a')\|$。以上构建得到的中间奖励信息 r_p 和 r_d 可以用来衡量转换网络的转换性能，即可以用来判断由跨模态转换模块是否能学习得到一个无限接近原始模态的模态重构信息。本章采用线性网络对主转换任务奖励信息以及对偶转换任务奖励信息进行组合操作，得到组合奖励信息作为整个训练模型的奖励信息，即 $r_{all} = \alpha r_p + (1-\alpha)r_d$。超参数 α 用来平衡主转换任务以及对偶转换任务对最终训练任务的贡献。基于对偶转换网络的多模态情感判别分析模型的训练损失函数表示如式（2.3）所示：

$$\text{loss}_{A\to V}(X_a,\,X_v) = \|\text{Tran}_{A\to V}(X_a,\,X_v) - X_v\| + \|\text{Tran}_{A\to V}(X_a',\,X_v) - X_v\|$$

$$\text{loss}_{V\to A}(X_v,\,X_a) = \|\text{Tran}_{V\to A}(X_v,\,X_a) - X_a\| + \|\text{Tran}_{V\to A}(X_v',\,X_a) - X_a\| \quad (2.3)$$

$$\text{loss}_{A\leftrightarrow V} = \alpha\,\text{loss}_{A\to V}(X_a,\,X_v) + (1-\alpha)\,\text{loss}_{V\to A}(X_v,\,X_a)$$

其中 $\text{loss}_{A\to V}(X_a,\,X_v)$ 对应于主转换任务的训练损失函数，$\text{loss}_{V\to A}(X_v,\,X_a)$ 对应于对偶转换任务的训练损失函数，$\text{loss}_{A\leftrightarrow V}$ 对应于双向模态转换任务（同时包含主转换任务和对偶转换任务）的损失训练函数。值得注意的是，当前向跨模态转换模块 $\text{Tran}_{A\to V}(X_a,\,X_v)$ 和 $\text{Tran}_{V\to A}(X_v,\,X_a)$ 以及反向跨模态转换模块 $\text{Tran}_{A\to V}(X_a',\,X_v)$ 和 $\text{Tran}_{V\to A}(X_v',\,X_a)$ 训练完毕时，CTFN 在测试阶段只需要将一个模态传送到输入层。意味着 CTFN 采用一个模态就可以学习得到多模态情感上下文相关性信息，可以有效应对多个模态同时缺失问题。

式（2.3）中的 $\text{loss}_{A\leftrightarrow V}$ 对应于对偶循环一致性约束。现有基于对偶学习的网络，一般是将前向转换网络一致性约束以及反向转换网络一致性约束进行组合操作，从而得到对应的对偶转换网络循环一致性约束。然而本章提出的基于对偶转换网络的多模态情感分析模型关注的是模态缺失问题，因此无法将现有对偶学习网络中的循环一致性约束直接应用到 CTFN 中。如果将对偶学习网络中的循环一致性约束直接应用到 CTFN 中，则无法将主模态转换任务和对偶模态转换任务整合成足够有效的多模态情感分析网络。为了解决以上问题，本章适当放宽现有对偶学习中的循环一致性约束，引入超参数"α"平衡前向和反向转换网络一致性约束，构建得到一个更适用于多模态情感分析任务的循环一致性约束。在以上提出的对偶循环一致性约束条件下，基于对偶学习的多模态情感分析模型能够将主模态转换任务和对偶模态转换任务进行有效整合，学习得到更具情感状态判别能力的多模态情感上下文相关性信息。

2.2.2　多模态卷积融合网络

在多模态情感分析任务中，由任意两两模态都可以构建得到对应的对偶转换网络，学习得到跨模态情感上下文相关性信息。这意味着，M 个模态数据中的任意一个模态都可以充当源模态数据 $(M-1)$ 次，转换得到其他目标模态数据。换言之，任意一个模态都存在以下 $(M-1)$ 个前向跨模态转换模块 $\{\mathrm{Tran}_{\mathrm{modality\_source}\rightarrow\mathrm{modality\_}m}\}_{m=1}^{M}$。例如，对于语音模态数据，存在以下 2 个前向跨模态转换模块 $\{\mathrm{Tran}_{a\rightarrow v},\mathrm{Tran}_{a\rightarrow t}\}$，具体计算过程如式(2.4)所示，

$$[\mathrm{Tran}_{a\rightarrow v}{}^{L/2},\mathrm{video}']=\mathrm{Tran}_{a\rightarrow v}(\mathrm{audio},\mathrm{video})$$
$$[\mathrm{Tran}_{a\rightarrow t}{}^{L/2},\mathrm{text}']=\mathrm{Tran}_{a\rightarrow t}(\mathrm{audio},\mathrm{text}) \tag{2.4}$$

如式(2.4)所示，语音模态数据在跨模态转换模块 $\{\mathrm{Tran}_{a\rightarrow v},\mathrm{Tran}_{a\rightarrow t}\}$ 中充当的都是源模态角色，意味着可以引导 $\mathrm{Tran}_{a\rightarrow v}$ 以及 $\mathrm{Tran}_{a\rightarrow t}$ 进行对应的跨模态情感上下文相关性信息学习任务。但是在不同的跨模态转换模块中，语音模态数据对最终得到的跨模态情感上下文相关性信息的贡献是不尽相同的。因此为了能够充分整合语音模态对不同跨模态转换模块的贡献，同时为了能够从多个跨模态情感上下文相关性信息中进一步学习得到更为复杂丰富的情感上下文相关性信息。本章提出了一个多模态卷积融合网络，如图 2.2 所示，可以学习得到多个跨模态情感上下文相关性信息之间的深层次交互表示。

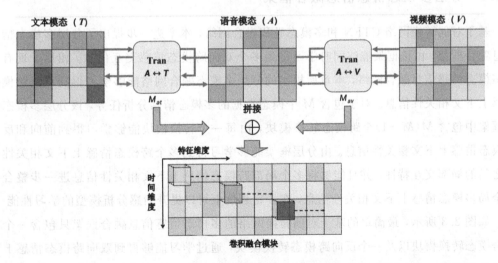

图 2.2　多模态卷积融合网络示意图

将跨模态转换模块 $\{\mathrm{Tran}_{a\rightarrow v},\mathrm{Tran}_{a\rightarrow t}\}$ 计算得到的跨模态情感上下文相关性信息

$\{\mathrm{Tran}_{a\to v}{}^{L/2}, \mathrm{Tran}_{a\to t}{}^{L/2}\}$ 沿着时间维度进行拼接操作,可以得到一个以语音模态为核心的跨模态情感上下文相关性信息。由于不同模态的时间序列长度是相同的(即 $T_a = T_v = T_t$),拼接得到的跨模态情感上下文相关性信息的尺寸为 $T_a \times (L_v + L_t)$,具体操作过程如式(2.5)所示:

$$\hat{Z}_{\text{concat}} = [\mathrm{Tran}_{a\to v}{}^{L/2}, \mathrm{Tran}_{a\to t}{}^{L/2}] = \mathrm{Tran}_{a\to v}{}^{L/2} \oplus \mathrm{Tran}_{a\to t}{}^{L/2} \quad (2.5)$$

接着,沿着模态维度$(L_v + L_t)$施加多模态卷积融合操作,进一步学习得到多模态情感交互信息,即学习得到跨模态情感上下文相关性信息的显式交互信息。本章采用1D卷积网络层以一种轻量级的方式计算得到多个跨模态情感上下文相关性信息之间的交互表示信息 $Z_{\text{concat}} \in \mathbb{R}^{T_a \times L_d}$,具体过程如式(2.6)所示:

$$Z_{\text{concat}} = \mathrm{Conv1D}(\hat{Z}_{\text{concat}}, \mathrm{Kernel}_{\text{concat}}) \quad (2.6)$$

其中$\mathrm{Kernel}_{\text{concat}}$对应于卷积核的尺寸,$L_d$对应于计算得到的跨模态情感上下文相关性信息 Z_{concat} 的每一个时刻的特征向量长度。式(2.6)采用的1D卷积网络层沿着模态维度进行多模态卷积融合操作,得到了以语音模态为核心的多个跨模态情感上下文相关性信息之间的交互信息。

2.2.3　分层多模态情感信息融合框架

基于对偶转换网络 CTFN 和多模态卷积融合网络,本章进一步提出了分层多模态情感信息融合框架,由该框架能够同时学习得到多个双向跨模态情感交互信息。相比于现有分层多模态情感信息融合网络,本章所提出的分层多模态融合网络能够学习得到双倍跨模态情感上下文相关性信息。对于包含 M 个模态数据的多模态情感分析任务,该分层多模态融合框架中包含 $M(M-1)$个跨模态转换模块,由每一个转换模块能够学习得到前向和反向跨模态情感上下文相关性信息。由分层框架能够学习得到多个跨模态情感上下文相关性信息之间的局部交互特性,并且能够将多个局部跨模态情感上下文相关性信息进一步整合得到全局多模态情感上下文相关性信息,在一定程度上可以提升情感分析模型的学习性能。

如图 2.3 所示,最简单的基于对偶转换网络的多模态情感信息融合框架只包含一个前向跨模态转换模块以及一个反向跨模态转换模块,通过学习能够得到双向跨模态情感上下文相关性信息。在主转换学习任务中,语音模态数据作为源模态数据传送到跨模态转换网络中,视频模态数据作为目标模态数据传送到跨模态转换网络中。在对偶转换学习任务中,语音模态数据对应于目标模态数据,视频模态数据则对应于源模态数据。为了减小语音模态数据和视频模态数据的数据分布差异，采用双向 GRU 网络以及全连接层网络计算得到语音模态数据和视频模态数据的初级特征表示 X_a 以及 X_v。

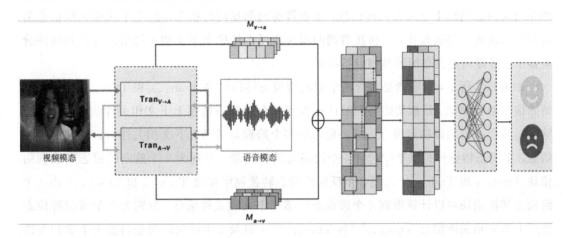

图 2.3　包含一个前向和一个反向跨模态转换模块的多模态情感信息融合框架

在主转换学习任务中，语音模态数据 X_a 作为源模态数据被传送到前向跨模态转换网络 $\text{Tran}_{A \to V}$ 中，参与前向跨模态转换模块 $\text{Tran}_{A \to V}$ 的构建，即参与跨模态情感上下文相关性的计算分析。由上述操作可以同时计算得到前向跨模态情感上下文相关性信息以及视频模态的近似表示数据 X_v'。视频模态数据 X_v 作为目标模态数据被传送到前向跨模态转换网络 $\text{Tran}_{A \to V}$ 中，计算视频模态数据 X_v 和视频模态近似表示数据 X_v' 的相似度（作为判别误差）。接着，前向跨模态转换网络 $\text{Tran}_{A \to V}$ 的输出信息 X_v' 作为源模态信息被传送到反向跨模态转换网络 $\text{Tran}_{V \to A}$ 中，参与反向跨模态转换模块 $\text{Tran}_{V \to A}$ 的构建。由上述操作可以同时计算得到反向跨模态情感上下文相关性信息以及语音模态的近似表示数据 X_a'。语音模态数据 X_a 作为目标模态数据被传送到反向跨模态转换网络 $\text{Tran}_{V \to A}$ 中，计算语音模态数据 X_a 和语音模态近似表示数据 X_a' 的相似度（作为重构误差）。在对偶转换学习任务中，视频模态数据 X_v 作为源模态数据被传送到前向跨模态转换模块 $\text{Tran}_{V \to A}$ 中，语音模态数据 X_a 作为目标模态数据被传送到前向跨模态转换模块 $\text{Tran}_{V \to A}$ 中。以上计算得到的语音模态近似表示数据 X_a' 被传送到反向跨模态转换模块 $\text{Tran}_{A \to V}$ 中，视频模态数据 X_v 作为目标模态数据被传送到反向跨模态转换模块 $\text{Tran}_{A \to V}$ 中。

值得注意的是，主转换学习任务和对偶转换学习任务都包含判别误差和重构误差，该方式的学习任务使多模态情感交互信息更具有情感状态判别能力。采用转换网络将源模态转换得到目标模态的过程中，可以计算得到源模态以及目标模态的跨模态情感上下文相关性信息。基于对偶学习，可以进一步计算得到前向以及反向跨模态情感上下文相关性信息，即双向跨模态情感上下文相关性信息。接着将前向和反向跨模态情感上下文相关性信息沿着时间维度进行拼接操作，将拼接得到的双向跨模态情感上下文相关性信息传送到线性分类器上，可得到多模态情感判别分析结果。

如图 2.4 所示，对应的是包含两个双向跨模态转换网络 $\text{Tran}_{A\to V}$ 和 $\text{Tran}_{A\to T}$ 的多模态情感信息融合框架。该框架能够同时计算得到多个跨模态情感上下文相关性信息，并且能够进一步学习得到以特定模态为核心模态的多个跨模态情感上下文相关性信息之间的交互信息。多模态情感分析框架中包含 4 个跨模态转换模块，分别为 2 个前向跨模态转换网络模块 $\text{Tran}_{A\to V}$ 和 $\text{Tran}_{A\to T}$，以及 2 个反向跨模态转换网络模块 $\text{Tran}_{V\to A}$ 和 $\text{Tran}_{T\to A}$。由 4 个跨模态转换模块可以计算得到 4 个跨模态情感上下文相关性信息，分别为 2 个前向跨模态情感上下文相关性信息 $\text{Tran}_{A\to V}^{L/2}$ 和 $\text{Tran}_{A\to T}^{L/2}$，以及 2 个反向跨模态情感上下文相关性信息 $\text{Tran}_{V\to A}^{L/2}$ 和 $\text{Tran}_{T\to A}^{L/2}$。

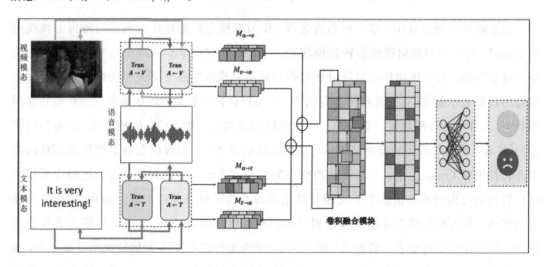

图 2.4　包含两个前向和两个反向跨模态转换模块的多模态情感信息融合框架

当以上跨模态情感上下文相关性信息计算完成后，可以进一步采用两种拼接策略将以上 4 个跨模态情感上下文相关性信息拼接成 2 个跨模态情感上下文相关性信息。值得注意的是，对基于同一个源模态的跨模态情感上下文相关性信息进行拼接操作，衡量的是源模态在跨模态转换任务中的贡献程度。对基于同一个目标模态的跨模态情感上下文相关性信息进行拼接操作，衡量的是目标模态在跨模态转换任务中的贡献程度。沿着时间维度对基于同一个源模态(语音模态)的跨模态情感上下文相关性信息进行拼接,可以得到一个前向跨模态情感上下文相关性信息$\mathrm{Tran}_{T\leftarrow A\rightarrow V}{}^{L/2}=[\mathrm{Tran}_{A\rightarrow V}{}^{L/2},\mathrm{Tran}_{A\rightarrow T}{}^{L/2}]$。沿着时间维度对基于同一个目标模态(语音模态)进行拼接,可以得到一个反向跨模态情感上下文相关性信息$\mathrm{Tran}_{T\rightarrow A\leftarrow V}{}^{L/2}=[\mathrm{Tran}_{V\rightarrow A}{}^{L/2},\mathrm{Tran}_{T\rightarrow A}{}^{L/2}]$。

　　基于以上拼接信息,可以进一步采用多模态卷积融合网络分别对前向跨模态情感上下文相关性信息$\mathrm{Tran}_{T\leftarrow A\rightarrow V}{}^{L/2}$以及反向跨模态情感上下文相关性信息$\mathrm{Tran}_{T\rightarrow A\leftarrow V}{}^{L/2}$沿着模态维度进行卷积融合操作。由上述操作可以进一步计算得到前向跨模态情感上下文相关性信息之间的深层次交互信息,以及反向跨模态情感上下文相关性信息之间的深层次交互信息。意味着通过学习多个跨模态情感上下文相关性信息之间的邻域特性信息的多模态卷积融合网络,可以将低层次跨模态情感上下文相关性信息进一步整合得到复杂跨模态情感上下文相关性信息。接着,将多模态卷积融合网络计算得到的高层次复杂跨模态情感上下文相关性信息传送到线性分类器上,计算得到多模态情感判别分析结果。

　　当文本模态数据作为核心模态时,可以构建得到对应的 2 个前向跨模态转换网络模块$\mathrm{Tran}_{T\rightarrow V}$和$\mathrm{Tran}_{T\rightarrow A}$,以及 2 个反向跨模态转换网络模块$\mathrm{Tran}_{V\rightarrow T}$和$\mathrm{Tran}_{A\rightarrow T}$。由以上 4 个跨模态转换模块可以计算得到 2 个前向跨模态情感上下文相关性信息$\mathrm{Tran}_{T\rightarrow V}{}^{L/2}$和$\mathrm{Tran}_{T\rightarrow A}{}^{L/2}$,以及 2 个反向跨模态情感上下文相关信息$\mathrm{Tran}_{A\rightarrow T}{}^{L/2}$和$\mathrm{Tran}_{V\rightarrow T}{}^{L/2}$。接着,采用拼接操作可以计算得到一个前向跨模态情感上下文相关性信息$\mathrm{Tran}_{A\leftarrow T\rightarrow V}{}^{L/2}=[\mathrm{Tran}_{T\rightarrow V}{}^{L/2},\mathrm{Tran}_{T\rightarrow A}{}^{L/2}]$,以及一个反向跨模态情感上下文相关性信息$\mathrm{Tran}_{V\rightarrow T\leftarrow A}{}^{L/2}=[\mathrm{Tran}_{V\rightarrow T}{}^{L/2},\mathrm{Tran}_{A\rightarrow T}{}^{L/2}]$。

　　当视频模态数据作为核心模态时,可以构建得到对应的 2 个前向跨模态转换网络模块$\mathrm{Tran}_{V\rightarrow T}$和$\mathrm{Tran}_{V\rightarrow A}$,以及 2 个反向跨模态转换网络模块$\mathrm{Tran}_{T\rightarrow V}$和$\mathrm{Tran}_{A\rightarrow V}$。由以上 4 个跨模态转换模块可以计算得到 2 个前向跨模态情感上下文相关性信息$\mathrm{Tran}_{V\rightarrow T}{}^{L/2}$和$\mathrm{Tran}_{V\rightarrow A}{}^{L/2}$,以及 2 个反向跨模态情感上下文相关信息$\mathrm{Tran}_{T\rightarrow V}{}^{L/2}$和$\mathrm{Tran}_{A\rightarrow V}{}^{L/2}$。接着,采用拼接操作可以计算得到一个前向跨模态情感上下文相关性信息$\mathrm{Tran}_{T\leftarrow V\rightarrow A}{}^{L/2}=[\mathrm{Tran}_{V\rightarrow A}{}^{L/2},\mathrm{Tran}_{V\rightarrow T}{}^{L/2}]$,以及一个反向跨模态情感上下文相关性信息$\mathrm{Tran}_{T\rightarrow V\leftarrow A}{}^{L/2}=[\mathrm{Tran}_{T\rightarrow V}{}^{L/2},\mathrm{Tran}_{A\rightarrow V}{}^{L/2}]$。

　　如图 2.5 所示,对应的是包含三个双向跨模态转换网络$\{\mathrm{Tran}_{A\leftrightarrow V},\mathrm{Tran}_{A\leftrightarrow T},\mathrm{Tran}_{V\leftrightarrow T}\}$的多模态情感信息融合框架。该框架可以构建得到对应的 3 个前向跨模态转换模块$\{\mathrm{Tran}_{A\rightarrow V},\mathrm{Tran}_{A\rightarrow T},\mathrm{Tran}_{T\rightarrow V}\}$以及 3 个反向跨模态转换模块$\{\mathrm{Tran}_{V\rightarrow A},\mathrm{Tran}_{T\rightarrow A},$

$\text{Tran}_{V \to T}$}。由以上 6 个跨模态转换模块可以计算得到 3 个前向跨模态情感上下文相关性信息{$\text{Tran}_{A \to V}{}^{L/2}$，$\text{Tran}_{A \to T}{}^{L/2}$，$\text{Tran}_{T \to V}{}^{L/2}$}以及 3 个反向跨模态转换网络情感上下文相关信息{$\text{Tran}_{V \to A}{}^{L/2}$，$\text{Tran}_{T \to A}{}^{L/2}$，$\text{Tran}_{V \to T}{}^{L/2}$}。接着，采用拼接操作可以计算得到 3 个前向跨模态情感上下文相关性信息 $\text{Tran}_{A \to T \to V}{}^{L/2} = [\text{Tran}_{T \to V}{}^{L/2}, \text{Tran}_{T \to A}{}^{L/2}]$、$\text{Tran}_{T \to V \to A}{}^{L/2} = [\text{Tran}_{V \to T}{}^{L/2}, \text{Tran}_{V \to A}{}^{L/2}]$ 和 $\text{Tran}_{T \to A \to V}{}^{L/2} = [\text{Tran}_{A \to V}{}^{L/2}, \text{Tran}_{A \to T}{}^{L/2}]$。同样的，采用拼接操作可以计算得到 3 个反向跨模态情感上下文相关性信息 $\text{Tran}_{V \to T \to A}{}^{L/2} = [\text{Tran}_{V \to T}{}^{L/2}, \text{Tran}_{A \to T}{}^{L/2}]$、$\text{Tran}_{V \to A \to T}{}^{L/2} = [\text{Tran}_{V \to A}{}^{L/2}, \text{Tran}_{T \to A}{}^{L/2}]$ 和 $\text{Tran}_{T \to V \to A}{}^{L/2} = [\text{Tran}_{T \to V}{}^{L/2}, \text{Tran}_{A \to V}{}^{L/2}]$。接着，采用多模态卷积融合网络计算得到多个跨模态情感上下文相关性信息之间的深层次交互信息，将局部跨模态情感上下文相关性信息进一步整合得到全局多模态情感上下文相关性信息。

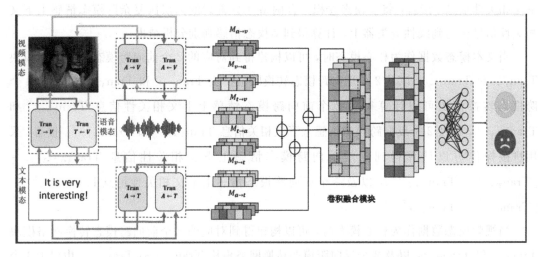

图 2.5　包含三个前向和三个反向跨模态转换模块的多模态情感信息融合框架

2.3　实验与分析

本章在两个公开多模态情感分析数据库 CMU-MOSI[154] 和 MELD[129] 基础上，采用 CTFN 以及其他对比模型进行多模态情感分析任务。以上两个数据库都包含三种多媒体数据（语音、视频和文本模态）。

2.3.1　模型性能衡量指标

本书采用平均绝对误差、皮尔逊相关系数、二分类精度以及七分类精度等模型性能衡量指标来衡量对比模型以及 MMT 模型的多模态情感分析性能。平均绝对误差 MAE(Mean Absolute Error)对应于预测标签与真实标签的误差绝对值的平均值，可以衡量模型预测标签与真实标签的误差情况。MAE 的值越小，证明多模态学习模型的情感判别能力越好。皮尔逊相关系数 Corr(Pearson's Correlation)可以衡量模型预测标签与真实标签的相关程度，程度越高说明模型预测的精度越高。二分类精度 Acc-2(Binary Accuracy)和 F1(F1 Score)可以衡量二分类任务中模型分类正确的能力。七分类精度 Acc-7(7-class Accuracy)可以衡量多分类任务中模型分类正确的能力。

对于二分类问题，模型需要将原始样本分成两类，一类是正样本(Positive)，另一类是反样本(Negative)。基于标签实际情况和模型预测结果，样本可以分为以下四类：

(1) 真正例 TP：True Positive，实际标签为正样本，模型预测结果也为正样本；

(2) 真反例 TN：True Negative，实际标签为反样本，模型预测结果也为反样本；

(3) 假正例 FP：False Positive，实际标签为反样本，模型预测结果为正样本；

(4) 假反例 FN：False Negative，实际标签为正样本，模型预测结果为反样本。

基于以上四类样本信息可以计算得到对应的精度(Accuracy)、准确率(Precision)、召回率(Recall)和 F1 值(F1 Score)。

精度(Accuracy)度量的是所有正确预测样本数量(TP 和 TN)与总样本数量的比例。二分类精度 Acc-2 可以直接采用公式(2.7)计算，多分类精度 Acc-7 则是对应于多个类别的二分类精度的平均值。具体计算如公式(2.7)所示：

$$\text{Accuracy} = \frac{\text{TP} + \text{TN}}{\text{TP} + \text{TN} + \text{FP} + \text{FN}} \tag{2.7}$$

准确率(Precision)度量的是正确预测正样本数量(TP)和所有预测正样本数量的比例，如公式(2.8)所示：

$$\text{Precision} = \frac{\text{TP}}{\text{TP} + \text{FP}} \tag{2.8}$$

召回率(Recall)度量的是正确预测正样本数量(TP)和所有正样本数量的比例，如公式(2.9)所示：

$$\text{Recall} = \frac{\text{TP}}{\text{TP} + \text{FN}} \tag{2.9}$$

F1 值(F1 Score)对应于准确率和召回率的调和平均值,如公式(2.10)所示:

$$\text{F1} = \frac{2 \cdot \text{TP}}{2 \cdot \text{TP} + \text{FN} + \text{FP}} \tag{2.10}$$

皮尔逊相关系数 Corr 的计算如公式(2.11)所示,X 为真实标签,Y 为预测标签,E 为数学期望:

$$\text{Corr} = \frac{\text{E}(XY) - \text{E}(X)\text{E}(Y)}{\sqrt{\text{E}(X^2) - (\text{E}(X))^2}\sqrt{\text{E}(X^2) - (\text{E}(X))^2}} \tag{2.11}$$

平均绝对误差 MAE 的计算如公式(2.12)所示,X 为真实标签,Y 为预测标签,N 为样本总数量:

$$\text{MAE} = \frac{1}{N} \sum_{i}^{N} |Y_i - X_i| \tag{2.12}$$

2.3.2　特征提取与对比模型介绍

对于 CMU-MOSI 多模态情感分析数据库,为了和其他情感多模态分析模型保持一致,本章采用和模型 MFN[168]一样的方法提取模态数据的初级特征表示。语音模态、视频模态和文本模态都是单词级别的数据表示,即模态数据每一个时间刻度对应于一个单词长度,对应的多模态情感分析模型能够学习得到更为精确的多模态情感交互信息。对于 MELD 多模态情感分析数据库,采用 GloVe 词向量嵌入方法[158]提取文本数据中每一个单词对应的 300 维特征向量表示,接着将长向量传送到 1D-CNN 卷积网络中[151],学习得到文本模态的初级特征向量表示。对于语音模态数据和视频模态数据,采用工具 openSMILE[130]提取语音模态初级特征表示和视频模态初级特征表示,在视频模态初级特征的提取过程中无需考虑个体识别以及个体定位问题。

为了验证对偶转换融合网络的有效性,本章将引入以下多模态情感分析对比模型,分别是多模态循环转换网络 MCTN(Multimodal Cyclic Translation Network)[74]、序列转换情感分析网络 Seq2Seq2Sent(Sequence to Sequence for Sentiment)[71]、基于转换网络的多模态情感分析网络 TransModality[75](Multimodality Sentiment Analysis with Transformer)、双向长短时记忆网络 bc-LSTM(bi-directional contextual LSTM)[165]、基于门机制嵌入的长短时记忆网络 GME-LSTM(Gated Embedding LSTM)[131]、Meld 相关网络(Multimodal EmotionLines Dataset baseline model)[129]、基于上下文关系的分层融合模型 CHFusion

(Hierarchical Fusion with Context Modeling)[136] 以及多模态多单词跨模态注意力网络 MMMU-BA(Multi-Modal Multi-Utterance Bi-Modal Attention)[132]。

2.3.3　实验结果与分析

表 2.1 展示了对偶转换学习网络 CTFN 和其他多模态情感信息融合模型在两个公开多模态情感数据库上的对比实验结果。如表 2.1 所示，表格底部对应模型的最佳实验结果，指标为情感二分类精度值。从表 2.1 的结果可以发现，对偶转换多模态融合网络 CTFN 在所有模型性能衡量指标上都超过了其他多模态情感信息融合模型。结果证明了对偶转换学习网络 CTFN 在多模态情感判别分析任务中的优越性和有效性，同时证明了 CTFN 能够学习得到更具情感状态判别能力的多模态情感交互信息。

表 2.1　CMU-MOSI 和 MELD 数据库上，CTFN 和其他多模态情感分析模型的对比分析

模型	CMU-MOSI				MELD
	双模态			三模态	双模态
	视频，语音	文本，视频	文本，语音	视频，文本语音	文本，语音
GME-LSTM	52.90	74.30	73.50	76.50	66.46
Bc-LSTM	56.52	78.59	78.86	79.26	66.09
MELD-based	54.79	76.60	76.99	79.19	66.68
CHFusion	54.49	74.77	78.54	76.51	65.82
MMMU-BA	57.45	80.85	79.92	81.25	65.56
SeqSeq2Sent	58.00	67.00	66.00	70.00	63.84
MCTN	53.10	76.80	76.40	79.30	66.27
TransModality	59.97	80.58	81.25	82.71	67.04
CTFN($L=1$)	62.20	80.49	81.4	80.18	67.82
CTFN($L=2$)	63.11	81.55	82.16	82.77	67.78
CTFN($L=3$)	64.48	80.79	81.71	81.10	67.24

对于 CMU-MOSI 多模态情感数据库，在基于视频模态和语音模态的双模态情感判别分析任务中，对偶转换融合网络 CTFN($L=3$)的实验结果显著超越了多模态情感信息融合

模型 TransModality，两者结果上的差距为 4.51%。此外，对于情感子数据库 MELD(基于离散情绪)，CTFN($L=1$)的实验结果优于多模态情感信息融合模型 TransModality，两者结果上的差距为 0.78%。同时可以发现，对于 CMU-MOSI 数据库，基于视频和语音的情感二分类结果和其他对比模型的差距，要显著大于基于视频和文本的情感二分类结果和其他对比模型的差距，大于基于文本和语音的情感二分类结果和其他对比模型的差距。这表明，相比于其他多模态情感信息融合模型，对偶转换网络结构能够更有效和充分学习得到语音模态和视频模态之间深层次的情感一致性表示信息。

在基于文本模态数据、语音模态数据以及视频模态数据的三模态情感判别分析任务上，可以发现 CTFN($L=2$)的实验结果优于多模态情感信息融合模型 TransModality，两者结果上的差距为 0.06%。需要明确的是，对于基于相同模态数据的多模态情感判别分析任务，TransModality 模型需要构建 4 个编码器以及 4 个解码器才能完成对应的多模态情感判别分析任务。对于同一个任务，CTFN 只需要构建 6 个编码器，就能完成对应的多模态情感判别分析任务，同时可以得到与 TransModality 模型相当的多模态情感判别分析结果。这表明，本章所提出的循环一致性约束不仅能够构建得到一个轻量级多模态情感信息融合网络，同时能够有效提升跨模态转换网络的转换性能。此外，相比基于两个模态的情感判别分析任务{(文本模态，视频模态)，(文本模态，语音模态)，(语音模态，视频模态)}，基于三个模态的情感判别在 CMU-MOSI 数据库(文本模态，语音模态)双模态与三模态在 CTFN($L=2$)模型对比中实验结果提升了 0.61%(文本模态，语音模态，视频模态)。这表明，当所包含的模态越多时，分层多模态情感信息融合框架以及多模态卷积融合网络能够学习得到更为丰富复杂的多模态情感交互信息，提升了对应多模态情感分析模型的学习性能。

本章提出了基于对偶学习的多模态情感信息融合框架，可以从多个模态数据中学习得到双向跨模态上下文情感相关性信息。同时，本章提出了一个多模态卷积融合模块，可以进一步学习多个跨模态情感上下文相关性之间的深层次交互特性表示。因此，本部分将着重分析对偶学习以及卷积融合模块对多模态情感判别分析任务的具体影响。在 CMU-MOSI 数据库上的多模态情感二分类任务为基于语音和视频的情感二分类任务、基于语音和文本的情感二分类任务、基于文本和视频的情感二分类任务和基于语音、视频以及文本的情感二分类任务。如表 2.2 所示，可以发现多模态情感信息融合框架移除对偶学习结构后，对应的情感二分类精度会随之降低。这意味着，对偶学习结构的确能够从多模态情感表征空间内有效学习得到多种模态之间的多模态情感上下文相关性信息，能够在一定程度上提升对应多模态情感信息融合模型的学习性能以及情感状态判别能力。

如表 2.2 所示，可以发现多模态情感信息融合框架移除多模态卷积融合模块后，对应的情感二分类精度也会随之降低。这意味着，多模态卷积融合模块能够从多个以特定模态数据为核心的联合多模态情感上下文相关性信息内，进一步学习得到多个多模态情感上下文相关性信息之间深层次的交互信息。实际上，多模态卷积融合模块能够将较低层次的多模态情感上下文相关性信息整合得到更为高层次的多模态情感上下文相关性信息，在一定程度上可以提升对应多模态情感信息融合模型的学习性能。该实验结果证明了对偶学习结构以及多模态卷积融合模块在应对多模态情感判别分析任务的有效性和优越性，为多模态情感分析领域提供了更多的选择性和可能性。

表 2.2　CMU-MOSI 数据库上，对偶转换网络和多模态卷积融合模块对情感分析的影响

配　置	CMU-MOSI							
	(a, v)		(a, t)		(t, v)		(a, v, t)	
	F1	Acc	F1	Acc	F1	Acc	F1	Acc
包含转换模块	64.36	63.11	82.23	82.16	81.32	81.25	82.85	82.77
去除转换模块	62.68	62.2	81.21	81.1	80.68	80.64	81.94	81.86
包含卷积模块	64.36	63.11	82.23	82.16	81.32	81.25	82.85	82.77
去除卷积模块	62.92	62.35	81.78	81.71	80.82	80.79	81.21	81.25

本章提出了基于对偶学习的双向跨模态转换网络，通过该网络能够在跨模态转换过程中学习得到复杂丰富的双向跨模态情感上下文相关性信息，在一定程度上可以提升对应多模态情感信息融合模型的情感状态判别能力。因此，本部分将着重分析跨模态转换网络的模态转换方向对情感判别分析任务的具体影响。例如，分析将文本模态转换为语音模态的跨模态转换融合网络的情感二分类结果，同时对比分析将语音模态转换为文本模态的跨模态转换融合网络的情感二分类结果。在 CMU-MOSI 数据库上的多模态情感二分类任务为基于语音模态和视频模态的情感二分类任务、基于语音模态和文本模态的情感二分类任务以及基于文本模态和视频模态的情感二分类任务。

如图 2.6 所示，对比基于语音模态和文本模态的情感二分类任务，可以发现将文本模态转换为语音模态的跨模态转换融合网络的情感二分类结果，优于将语音模态转换为文本模态的跨模态转换融合网络的情感二分类结果。同样的，对比基于文本模态和视频模态的情感二分类任务，可以发现将文本模态转换为视频模态的跨模态转换融合网络的情感二分类结果，优于将视频模态转换为文本模态的跨模态转换融合网络的情感二分类结果。然而，对比分析基于语音模态和视频模态的情感二分类任务，可以发现将语音模态转换为视频模态的跨模态转换融合网络的情感二分类结果，几乎等同于将视频模态转换为语音模态的跨模态转换融合网络的情感二分类结果。以上将文本模态转换为视频模态的跨模态转换融合网络的情感二分类结果，以及将文本模态转换为语音模态的跨模态转换融合网络的情感二分类结果，都证明了文本模态的优势。实际上，文本模态具有更为丰富复杂的情感特性信息，因此能够在跨模态转换任务过程中发挥更为优越的指导性作用。这意味着，当文本模态数据作为源模态时，多模态情感信息融合模型充分吸收来自文本模态数据的贡献，可以在多模态情感联合表征空间内充分且有效学习得到更具情感状态判别能力的情感上下文相关性信息。

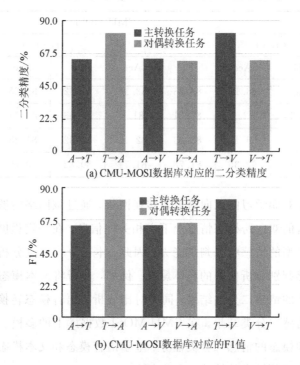

(a) CMU-MOSI数据库对应的二分类精度

(b) CMU-MOSI数据库对应的F1值

图 2.6　CMU-MOSI 数据库上，模态转换方向对多模态情感二分类任务的影响

本章提出了一个对偶转换融合网络，所包含的转换模块对应于 Transformer 网络中的编码器模块，可以将源模态转换得到目标模态的近似表示数据。转换模块中包含了多个相连的网络层，每一个网络层对应于一个编码器模块，每一个网络层的输出数据（目标模态的近似表示数据）被传送到下一个网络层上。以上这种多层编码器架构，能够以循环迭代的学

习方式将底层网络的较低层次的跨模态情感上下文相关性信息传递到较高层次的网络层，可以进一步整合得到较高层次的跨模态情感上下文相关性信息。这意味着，随着编码器网络层的增加，对应编码器网络层的输出信息则逐渐包含了更多目标模态特性信息，从而可以转换得到无限接近于目标模态的近似表示信息。

　　本部分将着重分析跨模态转换网络的网络层数对情感分析任务的具体影响。在 CMU-MOSI 数据库上的情感二分类任务为基于语音模态、文本模态和视频模态的情感二分类任务，在 MELD 数据库上的情感二分类任务为基于文本模态和语音模态的情感二分类任务。跨模态转换网络的网络层数用"L"来表示，L 为离散的整数，L 的取值范围在 1～6 之间。如图 2.7 所示，可以发现随着网络层数 L 的变化对偶转换融合网络在情感二分类任务中都取得不错的实验结果。对于 CMU-MOSI 数据库，从图 2.7 中可以发现当网络层数 L 取值为 5 时，多模态情感信息融合模型可以取得最佳的情感二分类精度。这表明，第五个转换层的输出信息充分吸收了源模态以及目标模态的深层次情感交互信息。意味着第五个转换网络层的输出信息包含着更具有情感状态判别能力的多模态情感上下文相关性信息，在一定程度上能够提升对应多模态情感信息融合模型的情感状态判别性能。

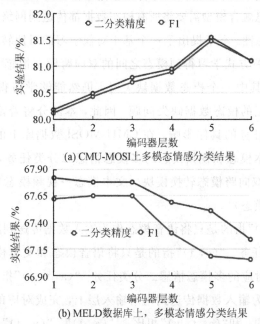

(a) CMU-MOSI上多模态情感分类结果

(b) MELD数据库上，多模态情感分类结果

图 2.7　CMU-MOSI 数据库和 MELD 数据库上，跨模态转换网络的网络层数对情感二分类任务的影响

　　对于 MELD 数据库，可以发现当网络层数 L 取值为 1 时，多模态情感信息融合模型可

以取得最佳的情感二分类精度。这意味着，对于简单的多模态情感二分类任务（例如 MELD 的基于文本和语音的情感二分类任务），由较为简单的跨模态转换网络（例如只包含一个网络层）学习得到的较低层次的多模态情感上下文相关性信息，已经具有较佳的情感状态判别能力。如果采用较为复杂的跨模态转换网络（例如包含多个网络层）处理 MELD 的基于文本和语音的情感二分类任务，则有可能会引入过多的冗余中间节点信息，导致对应多模态情感信息融合模型性能下降。

此外，对于 CMU-MOSI 数据库的基于语音模态、文本模态的情感二分类任务，可以发现当网络层数 L 取值为 3 时，多模态情感信息融合模型可以取得最佳的情感二分类精度。与 CMU-MOSI 数据库的基于语音模态、文本模态和视频模态的复杂情感二分类任务相比，CMU-MOSI 数据库的基于语音模态、文本模态的情感二分类任务是个相对简单的任务。因此对于以上较为简单的情感二分类任务，由底层网络层学习得到的多模态情感上下文相关性信息，已经具有较佳的情感状态判别能力。综上所述，底层网络学习得到的低层次跨模态情感上下文相关性信息，能够有效应对简单的情感二分类任务。高层网络学习得到的复杂跨模态情感上下文相关性信息，能够有效应对复杂的情感二分类任务。

现有多模态情感信息融合模型需要将所有模态数据都传送到网络输入层上，对模态数据缺失问题存在一定的敏感性。本章提出了一个基于对偶学习的对偶转换融合网络 CTFN，可以以一种并行处理的学习方式学习得到模态之间的双向跨模态情感上下文相关性信息。双向学习过程可以确保当其中一个模态数据缺失时，仍然能够学习得到跨模态情感交互信息，可以有效应对输入层的模态数据缺失问题。因此，本部分将着重分析模态数据缺失个数对多模态情感二分类任务的具体影响。在 CMU-MOSI 数据库上的多模态情感二分类任务为基于语音模态、文本模态和视频模态的多模态情感二分类任务，对应的多模态情感信息融合框架中包含 3 个双向跨模态转换模块｛（文本模态↔视频模态），（文本模态↔语音模态），（语音模态↔视频模态）｝。

如图 2.8 所示，"（a）"指的是只将语音模态作为输入数据传送到网络输入层上，完成对应的多模态情感二分类任务。"（a，t）"指的是只将语音模态和文本模态作为输入数据传送到网络输入层上，完成对应的多模态情感二分类任务。"（a，t，v）"指的是将语音模态、文本模态和视频模态一起作为输入数据传送到网络输入层上，完成对应的多模态情感二分类任务。从图 2.8 中可以发现，和"（a，t，v）"相比，｛"（a，t）"，"（v，t）"，"（t）"｝都取得相近的多模态情感二分类精度。同时可以发现，和"（a，t，v）"相比，｛"（a）"，"（v）"，"（a，v）"｝则取得较为不佳的多模态情感二分类精度。实际上，相较于语音模态和视频模态，文本模包含了更为丰富复杂的情感特性信息，因此基于文本模态的情感信息融合模型具有更为优越的情感判别性能。同时，"(t)"的实验结果表明在面对多个模态数据同时缺失的问题，分层 CTFN 网络仍然能够保持模型鲁棒性，即能够有效应对输入层的模态缺失问题。

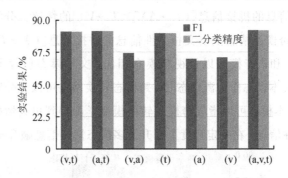

图 2.8　CMU-MOSI 数据库上，模态缺失个数对情感二分类任务的影响

　　本章提出的分层多模态情感信息融合框架中，包含了多个跨模态转换网络，由每一个跨模态转换网络都可以学习得到对应的双向跨模态情感上下文相关性信息。对于包含 M 个模态数据的多模态情感信息融合任务，可以构建得到 $M(M-1)$ 个单向跨模态转换网络，即可以学习得到 $M(M-1)$ 个跨模态情感上下文相关性信息。每一个模态数据都可以在 $M-1$ 个跨模态转换模块中承当源模态的角色，即每一个模态数据可以指导完成 $M-1$ 个跨模态转换任务，可以学习得到 $M-1$ 个对应的跨模态情感上下文相关性信息。同时，每一个模态数据都可以在 $M-1$ 个跨模态转换模块中承当目标模态的角色，即每一个模态数据可以在 $M-1$ 个跨模态转换任务中充分吸收来自其他模态数据的贡献。

　　对以上计算得到的 $M(M-1)$ 个跨模态情感上下文相关性信息进行拼接操作，既而提出多模态卷积融合网络学习多个跨模态情感上下文相关性信息之间的深层次交互信息。由跨模态转换融合网络可以同时学习得到前向和反向跨模态情感上下文相关性信息，因此在进行多模态卷积融合操作之前，需要选择特定的拼接策略进行拼接操作。第一种拼接策略是将包含同一个源模态信息的跨模态情感上下文相关性信息沿着时间维度拼接成一个矩阵表示。第二种拼接策略是将包含同一个目标模态的跨模态情感上下文相关性信息沿着时间维度拼接成一个矩阵表示。

　　如图 2.9 所示，可以发现包含同一个语音目标模态的跨模态情感上下文相关性信息的拼接信息 $[(T \to A) \oplus (V \to A)]$ 的情感二分类结果，优于包含同一个语音源模态的跨模态情感上下文相关性信息的拼接信息 $[(A \to T) \oplus (A \to V)]$ 的情感二分类结果。同时可以发现包含同一个视频目标模态的跨模态情感上下文相关性信息的拼接信息$[(T{\to}V)\oplus(A{\to}V)]$的情感二分类结果，优于包含同一个视频源模态的跨模态情感上下文相关性信息的拼接信息$[(V{\to}A)\oplus(V{\to}T)]$的情感二分类结果。同样的，可以发现包含同一个文本源模态的跨模态情感上下文相关性信息的拼接信息$[(T{\to}A)\oplus(T{\to}V)]$的情感二分类结果，优于包含同一个文本目标模态的跨模态情感上下文相关性信息的拼接信息$[(A{\to}T)\oplus(V{\to}T)]$的情感二分类结果。实际上，和语音模态以及视频模态相比，文本模态包含了更为丰富显式的情感状态特性信息。当文本模态作为源模态时，跨模态转换网络可以充分吸收来自文本模态的贡献。意味着，通过文本模态可以指导跨模态转换模型学习得到更具情感状态判别能力的多模态情感上下文相关性信息，在一定程度上提升了多模态情感信息融合模型的学习性能。

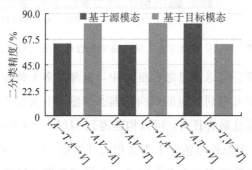

(a) CMU-MOSI数据库对应的分类精度值

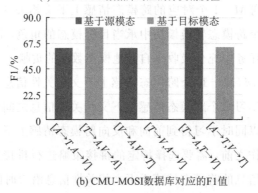

(b) CMU-MOSI数据库对应的F1值

图 2.9　CMU-MOSI 数据库上，不同拼接策略对多模态情感二分类任务的影响

2.4　本章小结

针对多模态情感信息融合网络输入层的模态缺失问题，本章提出了一个对偶转换融合

网络 CTFN，该网络能够同时得到前向和反向跨模态情感上下文相关性信息。对偶学习结构可以确保当一个模态缺失时，跨模态转换网络仍然能够学习得到模态之间的双向跨模态情感上下文相关性信息，可以有效应对模态数据缺失问题。此外，本章提出的循环一致性约束取代解码器模块可以构建得到一个相对轻量级的多模态情感信息融合网络。基于 CTFN，本章进一步提出了一个基于对偶转换网络的多模态情感信息融合框架。框架中包含了多个跨模态转换网络模块，由每一个跨模态转换网络可以学习得到任意两种模态之间的双向跨模态情感上下文相关性信息。相比于现有多模态情感信息融合框架，所提出的多模态情感信息融合框架能够学习得到双倍多模态情感上下文相关性信息。接着，本章提出了一个多模态卷积融合网络，由该网络能够进一步学习得到多个跨模态情感上下文相关性信息之间的深层次交互信息。值得注意的是，将单个模态传送到网络输入层上，所提出的多模态情感信息融合网络仍然能够学习得到多模态情感上下文相关性信息。相比于现有多模态情感分析网络，CTFN 能够有效应对多个模态同时缺失问题，为情感分析领域提供了更多的可能性。

第3章　基于张量池化的多模态情感信息融合网络

　　现有的双线性和三线性池化网络由于模态个数和模态交互阶数受限，不具备足够的信息表征能力。同时现有模型只能从粗粒度层面刻画全局信息交互，无法学习得到细粒度局部动态交互信息。因此本章提出了高阶多项式张量池化模块 PTP(polynomial tensor pooling)，由该模块能够学习任意多个模态的任意高阶多线性交互信息。基于 PTP 模块，构建得到分层多模态融合框架 HPFN(hierarchical polynomial fusion network)，通过循环迭代的方式学习得到细粒度局部和全局交互信息。在此基础上本章进一步提出了混阶多项式张量池化模块 MOPTP(mix-order polynomial tensor pooling)，通过自适应激活多个混阶情感表征子空间内与情感分析任务最为相关的位置信息，可以得到潜在情感状态变化信息。基于 MOPTP，构建得到树状分层融合框架 TMOPFN(tree-based mix-order polynomial fusion network)，通过在同一个网络层上同时施加多个情感分析策略，可以从多个情感分析角度同时提取得到多层次复杂情感特征信息。此外，本章在多个公开多模态情感分析数据库上进行对应实验，实验结果证明了基于张量池化的多模态情感信息融合模型的优越性和有效性。

3.1　引　　言

　　近年来，多模态学习已经成为人工智能领域以及人类对话分析领域的热门研究方向[133]。多模态学习可以广泛应用于多个下游任务，例如情感分析任务[134]，个体特性识别任务[135]以及情感语义分析任务[136]。研究表明，不同多媒体信息(例如文本模态、视频模态和语音模态)之间存在一致性和互补性信息[137]，通过整合以上信息可以有效提升模型性能。对应的，在情感分析任务中，文本模态、视频模态以及语音模态之间存在与情感分析任务相关的情感一致性和互补性信息。为了提升现有情感分析模型的学习性能，研究者开始采用多模态情感信息融合模型学习不同模态之间的多模态情感交互信息。

多模态学习的核心步骤是多模态融合学习，通过将多个模态数据整合成一个多模态融合信息，可以得到较为鲁棒的分类或回归结果。多模态融合学习可以归类成以下三类，分别是早期融合学习、决策融合学习以及混合融合学习。早期融合学习一般是直接将多个模态数据的拼接信息传送到输入层，作为多模态融合网络的输入数据[138]；决策融合学习一般采用不同学习模型处理不同模态信息，在决策层面采用投票机制将所有学习模型的输出信息整合得到最终的输出信息[139]；混合融合学习一般同时采用早期和决策融合学习进行多模态融合学习，能够得到更为鲁棒的学习结果[140]。以上三种方法都较为简单，学习得到的多模态融合信息无法有效应对复杂多模态学习任务。实际上，以上三种传统方法采用的都是简单融合方式（例如拼接操作和求均值操作），只能学习得到简单线性多模态融合信息，无法得到不同模态数据之间的复杂多模态交互信息。

由于张量网络的信息表征能力十分突出，因此被广泛应用于构建双线性和三线性多模态情感信息融合网络以此来得到复杂多模态情感交互信息[141-142]。实际上，张量网络是矩阵的高维扩展，可以在高维信息表征空间内对多个模态信息进行处理分析，得到不同模态数据之间的高维复杂多模态情感交互信息，一定程度上能够提升模型性能。然而随着特征维度以及模态个数的增加，以上多模态情感信息融合网络的参数将呈指数级增长趋势，对应的计算复杂度也随之急剧增加（维数灾难问题）。为了解决以上基于张量网络的多模态情感信息融合网络存在的维数灾难问题，LMF 模型[143]提出一种基于低秩张量因子矩阵的多模态情感信息融合网络。该网络只需存储低秩权重矩阵而无需存储原始大型权重张量，就可以有效应对现有基于张量学习的多模态情感信息融合网络的维数灾难问题。

然而由于受模态个数和模态交互阶数限制，多模态情感信息融合网络并不具备足够充分的信息表征能力，无法得到不同模态之间的多线性多模态情感交互信息。实际上，由以上多模态情感信息融合网络只能得到较为低层次的多模态情感交互信息；基于两个模态的多模态融合网络只能得到双线性跨模态交互信息；基于三个模态的多模态融合网络只能得到三线性多模态交互信息。更为重要的是，以上多模态情感信息融合网络一般采用简单融合方式将所有模态信息整合得到多模态融合信息，完全忽略了局部动态多模态情感交互信息。同时，现有多模态情感信息融合网络忽略了时间维度上的重要多模态交互信息，无法有效学习得到同时囊括模态维度以及时间维度的复杂多模态情感交互信息。

为了有效应对模态个数和模态交互阶数受限问题，本章提出一个多项式张量融合模块PTP，由该模块可以学习得到任意多个模态的任意交互阶数的高阶复杂多线性多模态交互信息。基于 PTP 模块，进一步构建得到一个分层多模态情感信息融合框架 HPFN，通过循环迭代的学习方式计算得到局部和全局细粒度多模态情感交互信息，一定程度上能够提升多模态情感信息融合模型的学习性能。然而 PTP 只针对单个阶数固定的情感表征空间进行情感分析，无法从多个混阶情感表征子空间内学习得到潜在情感状态变化信息。更为重要的是，现有多模态情感信息融合网络在每一层网络上只能施加一个情感分析策略进行情感分析任务。调换不同网络层的情感分析策略时，模型可能学习得到不同情感特征信息。因此，现有多模态情感信息融合网络对情感分析策略的施加顺序存在的敏感性一定程度上限制了模型的学习性能。

基于 PTP，本章进一步提出混阶多项式融合模块 MOPTP，通过自适应学习方式激活多个混阶情感表征子空间内与情感分析最为相关的位置信息，可以得到潜在情感状态变化信息。基于 MOPTP，进一步提出了一种树状多模态情感信息融合框架 TMOPFN，该框架通过在同一个网络层上施加多个情感分析策略，在一定程度上可以增强多模态情感信息融合模型的学习能力。树状结构具有使得多模态情感信息融合模型在同一个网络层上可以从多个情感分析角度上同时学习得到多层次多模态情感交互信息的天然优势。基于循环迭代操作，较为低层次的多模态情感交互信息被传递到较高层次网络上，可以得到较高层次多模态情感交互信息。实验表明将混阶多项式融合模块和树状分层结构进行整合，该操作能够进一步增强多模态情感信息融合模型的学习性能。

3.2　基于张量池化的多模态融合网络构建

张量表示矩阵的高维扩展版本，张量被称为多路矩阵表示[144]。P -阶张量 $\boldsymbol{W} \in \mathbb{R}^{I_1 \times \cdots \times I_P}$ 包含了 P 个维度，$\boldsymbol{W}_{i_1, \cdots, i_P}$ 为张量 $\boldsymbol{W}$ 的第 $(i_1, \cdots, i_P)$ 个元素表示，对于任意 $p \in [P]$，$i_p \in [I_P]$，其中 $[P]$ 表示集合 $\{1, 2, \cdots, P\}$。运算符号 $\otimes$ 表示张量积操作，该操作是张量网络分析中的重要操作。已知 P -阶张量 $\boldsymbol{A} \in \mathbb{R}^{I_1, \cdots, I_P}$ 和 Q -阶张量 $\boldsymbol{B} \in \mathbb{R}^{I_{P+1}, \cdots, I_{P+Q}}$，则由张量 $\boldsymbol{A}$ 和张量 $\boldsymbol{B}$ 经过张量积操作，可得到 $(P+Q)$ -阶张量 $\boldsymbol{A} \otimes \boldsymbol{B} \in \mathbb{R}^{I_1, \cdots, I_{P+Q}}$，表示如式（3.1）所示：

$$\boldsymbol{A} \otimes \boldsymbol{B} = \boldsymbol{A}_{I_1, \cdots, I_P} \cdot \boldsymbol{B}_{I_{P+1}, \cdots, I_{P+Q}} \tag{3.1}$$

由于张量表示是矩阵的高维扩展版本，张量网络的某些运算则对应于矩阵运算的高维扩展版本。上述张量积操作对应于高维空间中的向量标准外积操作。P 个向量 $v^{(p)} \in \mathbb{R}^{I_P}$ 采用张量积操作计算得到秩-1 张量 $\boldsymbol{A} = w^{(1)} \otimes \cdots \otimes w^{(P)}$，其中 $p \in [P]$。上述 P -阶张量 $\boldsymbol{W}$ 可以采用 CANDECOMP/PARAFAC(CP)张量网络形式等价近似表示[145]，基于张量网络分解操作可得到对应的低秩近似表示 $\boldsymbol{W}=\sum\limits_{r=1}^{R} w_r^{(1)} \otimes \cdots \otimes w_r^{(P)}$，其中 R 为张量网络秩。张量网络(Tensor Networks)[146]一般是通过张量网络分解操作将高阶大型张量分解成一组稀疏互联的小型低阶核张量。张量网络的优势在于能够有效应对大型高阶张量的维数灾难问题。现有经典张量网络包含 CP 张量网络、Tucker 张量网络[147]、张量链张量网络(Tensor Train Network，TT)[148]以及张量环张量网络(Tensor Ring Network，TR)[149]。

3.2.1 高阶多项式张量池化

针对现有多模态情感信息融合网络的模态个数和模态交互阶数受限问题，本章提出了多项式张量池化模块 PTP，通过该模块能够学习得到任意多个模态的任意阶数的高阶多线性多模态交互信息。针对多模态时序数据，本章提出了一种扫描感知窗口，能够同时沿着时间维度以及特征维度计算局部动态多模态交互信息。

给定一组模态特征表示 $\{z_m\}_{m=1}^{M}$，PTP 能够显示计算得到这组模态特征之间的高维多线性多模态交互信息 z。图 3.1 对应于 PTP 模块的具体操作流程。

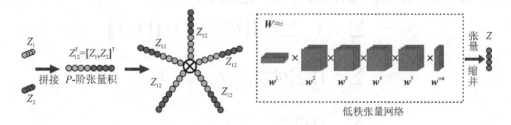

图 3.1 多项式张量池化模块(PTP)示意图

首先将上述模态特征 $\{z_m\}_{m=1}^{M}$ 拼接得到一个长向量表示 f，如式(3.2)所示：

$$f^{T} = [1, z_1^{T}, z_2^{T}, \cdots, z_M^{T}] \tag{3.2}$$

接着，对上述拼接得到的长向量表示 f 施加 P-阶张量积操作，得到一个 P-阶数据张量 $\boldsymbol{F}$，表示如式(3.3)所示：

$$\boldsymbol{F} = f \otimes f \otimes \cdots \otimes f \tag{3.3}$$

其中，运算符 $\otimes$ 为张量网络中的重要操作-张量积操作。计算得到的 P-阶张量数据 $\boldsymbol{F}$ 中包含了丰富复杂的多线性多模态交互项信息(交互项最高阶数不超过 P)。本书在长向量表示 f 中增加了一个常数项 1，使得由 P-阶数据张量 $\boldsymbol{F}$ 可以得到模态内部情感交互信息。P-阶池化权重张量 $\boldsymbol{W}=[\boldsymbol{W}^1, \cdots, \boldsymbol{W}^h, \cdots, \boldsymbol{W}^H]$ 被作用于 P-阶数据张量 $\boldsymbol{F}$，可计算得到 P

阶多线性多模态情感交互信息，表示如式(3.4)所示：

$$z_h = \sum_{i_1, i_2, \cdots, i_P} \boldsymbol{W}^h_{i_1 i_2 \cdots i_P} \cdot \boldsymbol{F}_{i_1 i_2 \cdots i_P} \tag{3.4}$$

其中，z_h 为高维多线性多模态交互信息 z 的第 h 个元素表示，下标 i_P 指代第 p 个维度上对应的交互信息。随着交互阶数 P 的增大，上述公式中的权重信息 $\boldsymbol{W}^h$ 所包含的参数数量呈指数级增长趋势，对计算复杂度以及计算机存储量造成极大负担。为了解决上述问题，本章在方法中引进了低秩张量网络表示，该操作是以一种低秩方式近似表示权重信息 $\boldsymbol{W}^h$。假设 $\boldsymbol{W}^h$ 存在一种秩-R CP 张量网络形式表示，则式(3.4)可以改写成式(3.5)表示形式：

$$z_h = \sum_{i_1, i_2, \cdots, i_P} \left[\left(\sum_{r=1}^R a_r^h \prod_{p=1}^P w_{r; i_p}^{h(p)} \right) \left(\prod_{p=1}^P f_{i_p} \right) \right]$$

$$= \sum_{r=1}^R a_r^h \prod_{p=1}^P \sum_{i_p}^I w_{r; i_p}^{h(p)} f_{i_p} \tag{3.5}$$

由于构建得到的数据张量 $\boldsymbol{F}$ 是对称的，因此对于任意 $p \in [P]$，可以采用 $w_r^{h(p)}$ 表示原始 w_r^h，对应的多模态融合网络参数为 $\{\{a_r^h, w_r^h\}_{r=1}^R\}_{h=1}^H$。假设 $\boldsymbol{W}^h$ 存在一种张量环网络形式表示，则式(3.5)可以进一步改写成式(3.6)表示形式：

$$z_h = \sum_{i_1, i_2, \cdots, i_P} \left[\left(\sum_{r_1, r_2, \cdots, r_P} \prod_{p=1}^P \boldsymbol{G}_{r_p; i_p; r_{p+1}}^{h(p)} \right) \left(\prod_{p=1}^P f_{i_p} \right) \right]$$

$$= \sum_{r_1, r_2, \cdots, r_P} \prod_{p=1}^P \sum_{i_p}^I \boldsymbol{G}_{r_p; i_p; r_{p+1}}^{h(p)} f_{i_p}$$

$$= \sum_{r_1, r_2, \cdots, r_P} \prod_{p=1}^P \widetilde{G}_{r_p; r_{p+1}}^{h(p)}$$

$$= \mathrm{Trace}\left(\prod_{p=1}^P \widetilde{G}^{h(p)} \right) \tag{3.6}$$

其中，3-阶核张量 $\{\{\boldsymbol{G}^{h(p)}\}_{p=1}^P\}_{h=1}^H$ 为多模态融合网络参数，$\{r_p\}_{p=1}^P$ 为张量环网络的张量秩，$r_{P+1} = r_1$。对于任意 $p \in [P]$，都假定 $\boldsymbol{G}^h = \boldsymbol{G}^{h(p)}$。通过这种共享设置方式，可以沿着每个维度进行上述多模态情感信息融合操作，有效避免了数据张量和权重张量的维数灾难问题。

3.2.2　分层多模态情感信息融合框架

基于以上多项式张量池化模块 PTP，进一步构建得到分层多模态情感信息融合框架 HPFN。在模型的输入层，将多模态时序数据组织成一个二维特征矩阵。需要注意的是，真正意义上的二维矩阵中的元素对应的是标量，以上组织得到的二维矩阵中的元素对应的是向量。上述二维矩阵的其中一个维度为时间维度，另一个维度为模态维度，即每一个时刻上都包含了多个模态特征信息。采用感知窗口在上述二维矩阵上进行扫描操作，可以得到横跨时间维度以及模态维度的局部动态多模态情感融合信息。每一个感知扫描窗口都可以施加一个多项式张量池化模块，进行对应的多模态情感信息融合操作。在每一个网络层叠加多个多项式张量池化模块，可以构建得到分层多模态情感信息融合框架。接着，通过循环迭代的学习方式将较低层的局部多模态情感融合信息传递到较高层次的网络，可计算得到较为高级复杂的全局动态多模态情感融合信息。表 3.1 为 HPFN 各类架构展示表，$[-]$对应于当前这一层的配置信息，PTP_m^k 对应于第 k 层的第 m 个多模态融合节点，a 指代语音模态（audio），v 指代视频模态（video），t 指代文本模态（text）。

表 3.1　HPFN 各类架构表

模型	网络层配置信息
HPFN	$\left[PTP_1^O(a, v, t)\right]$
HPFN-L2	$\left[PTP_1^{h_1}(a, v), PTP_2^{h_1}(t, v), PTP_3^{h_1}(a, t)\right] - \left[PTP_1^O(PTP_1^{h_1}, PTP_2^{h_1}, PTP_3^{h_1})\right]$
HPFN-L2-S1	$\left[PTP_1^{h_1}(a, v, t)\right] - \left[PTP_1^O(PTP_1^{h_1}, a, v, t)\right]$
HPFN-L2-S2	$\left[PTP_1^{h_1}(a, v), PTP_2^{h_1}(t, v), PTP_3^{h_1}(a, t)\right] -$ $\left[PTP_1^O(PTP_1^{h_1}, PTP_2^{h_1}, PTP_3^{h_1}, a, v, t)\right]$
HPFN-L3	$\left[PTP_1^{h_1}(a, v), PTP_2^{h_1}(t, v), PTP_3^{h_1}(a, t)\right] -$ $\left[PTP_1^{h_2}(PTP_1^{h_1}, PTP_2^{h_1}), PTP_2^{h_2}(PTP_1^{h_1}, PTP_3^{h_1}), PTP_3^{h_2}(PTP_2^{h_1}, PTP_3^{h_1})\right] -$ $\left[PTP_1^O(PTP_1^{h_2}, PTP_2^{h_2}, PTP_3^{h_2})\right]$
HPFN-L4	$\left[PTP_1^{h_1}(a, v), PTP_2^{h_1}(t, v), PTP_3^{h_1}(a, t)\right] -$ $\left[PTP_1^{h_2}(PTP_1^{h_1}, PTP_2^{h_1}), PTP_2^{h_2}(PTP_1^{h_1}, PTP_3^{h_1}), PTP_3^{h_2}(PTP_2^{h_1}, PTP_3^{h_1})\right] -$ $PTP_1^{h_3}(PTP_1^{h_2}, PTP_2^{h_2}), PTP_2^{h_3}(PTP_1^{h_2}, PTP_3^{h_2}), PTP_3^{h_3}(PTP_2^{h_2}, PTP_3^{h_2})] -$ $\left[PTP_1^O(PTP_1^{h_3}, PTP_2^{h_3}, PTP_3^{h_3})\right]$

　　图 3.2 对应的是只包含一个网络层的分层多模态情感信息融合框架 HPFN。图中总共包含了 8 个时刻（即时间维度的尺寸大小为 8）以及 3 个模态（即模态维度的尺寸大小为 3）。每一个时刻上都包含了语音模态、视频模态以及文本模态数据，二维矩阵上的每一个元素

对应的是一个模态特征向量。例如 T1 时刻的三个元素分别对应于语音模态特征向量、视频模态特征向量以及文本模态特征向量。图 3.2 只对该二维矩阵施加一个感知扫描窗口，该窗口只包含一个多项式张量池化操作，即该扫描窗口能够同时囊括 8 个时刻上的 3 个模态特征信息。PTP 操作可以从感知扫描窗口所包含的 24 个多模态特征向量中，得到对应的高阶多线性多模态情感交互信息。上述操作对应于一种粗粒度多模态情感信息融合操作，由此可计算得到全局动态多模态情感融合信息。当采用较小的感知扫描窗口时，PTP 操作可以在相对较小的感知扫描窗口上进行多模态融合学习，此时，可计算得到局部动态多模态情感交互信息。进一步的，可以在二维矩阵不同位置施加不同感知扫描窗口，每一个感知扫描窗口对应一个特定 PTP 操作，则每一个二维矩阵可以同时包含多个 PTP 操作。接着，基于以上局部感知扫描窗口设置操作，通过在每一个网络层上叠加多个 PTP 操作，则可计算得到多层次复杂多模态情感交互信息。

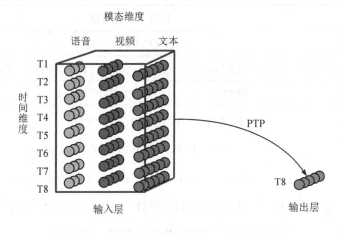

图 3.2　包含一层网络的 HPFN 架构示意图

　　通过以上层次结构设计，由较为低层的感知窗口可得到局部多模态情感交互信息，既而以一种循环迭代的方式传递到较高网络层。较高层次网络的网络节点通过吸收底层网络节点的贡献，使得较高层的网络节点包含更为丰富复杂的全局多模态融合信息。因此，由分层多模态情感信息融合框架能够同时学习得到局部动态多模态情感融合信息以及全局动态多模态情感融合信息。图 3.3 对应的是包含两个网络层的分层多模态情感信息融合框架 HPFN 示意图。时间维度上，4×3 大小的感知扫描窗口对应的重叠尺寸大小为 2。沿着时间维度，第一个感知扫描窗口的起始时刻分别为 T1 时刻和 T4 时刻，第二个感知扫描窗口的起始时刻分别为 T3 时刻和 T6 时刻，第三个感知扫描窗口的起始时刻分别为 T5 时刻和

T8 时刻。

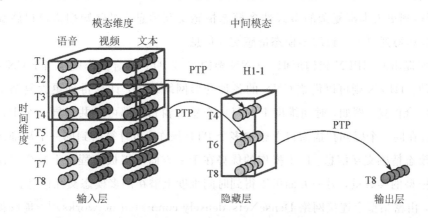

图 3.3　包含两层网络的 HPFN 架构示意图

图 3.4 对应的是包含三个网络层的分层多模态情感信息融合框架 HPFN。第一层为网络的输入层，第二层为第一个隐藏层，第三层为第二个隐藏层。在网络的输入层上，每一个感知扫描窗口内都包含了 2 个时刻以及 2 个模态数据，由该层上每个 PTP 模块都能够计算得到局部动态多模态融合信息。例如，输入层上 T1 和 T2 时刻的语音模态和视频模态经过 PTP 操作得到的局部跨模态交互信息，对应于第一个隐藏层上 T2 时刻的第 H1-1 个隐藏节点信息。输入层上 T1 和 T2 时刻的语音模态和文本模态经过 PTP 操作得到的局部跨模态交互信息，对应于第一个隐藏层上 T2 时刻的第 H1-3 个隐藏节点信息。第二个隐藏层的输入信息，对应于第一个隐藏层的输出信息。在网络的第二个隐藏层上，施加一个 PTP 操作，同时处理分析 T4 和 T8 时刻上的 3 个模态信息，整合得到的全局多模态交互信息被传送到输出层中，作为最终的多模态情感融合信息。综上所述，HPFN 模型可以进行灵活的

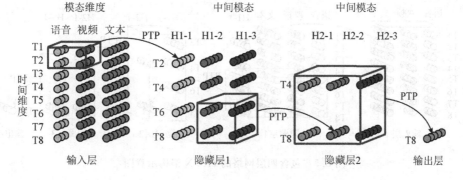

图 3.4　包含三层网络的 HPFN 架构示意图

层次结构搭配设计。例如，在网络输入层和网络输出层之间，增加更多的中间网络层（即隐藏层），可得到更为丰富复杂的多线性多模态情感交互信息。对感知扫描窗口施加重叠操作，可以计算得到更为一致的多模态情感交互信息。

本章所提出的 HPFN 架构形似于 CNN 架构[150]，PTP 融合操作则相当于 CNN 架构中的池化模块。HPFN 则可以借鉴 CNN 的各种变形网络结构，计算得到更为复杂丰富的多模态情感融合信息。例如，时间维度上的每一个感知窗口，都可以共享同一个 PTP 操作。同时，通过在同一个感知扫描窗口上施加多个 PTP 操作，可计算得到同一个局部区域内的多层次多模态情感交互信息。以上操作的优势在于一方面可以极大程度上减少多模态情感信息融合模型的参数量，另一方面可以得到时间维度上潜在的多模态交互信息。

此外，由密集型全连接网络 DenseNets(densely connected networks)[151] 能够得到丰富的交互信息，因此该网络被广泛应用于各大领域任务。借鉴上述密集型全连接网络的架构设计，HPFN 可以被扩展成更为密集的分层多模态情感信息融合框架，该框架在一定程度上能够提高多模态情感信息融合模型的学习性能。值得注意的是，密集型跨模态交互方式有利于处理分析长时序数据。图 3.5 展示的包含四个网络层的分层多模态情感信息融合框架 HPFN 是一个密集型多模态情感信息融合框架。输入层从 T1～T8 时刻对应的三个模态数据（共计 24 个模态向量信息）可直接传递到第一个网络隐藏层，作为第一个网络隐藏层的 T1～T8 时刻上对应的节点信息。在输入层上，设置一个 2×3 大小的感知扫描窗口。沿着时间维度得到 4 个感知扫描窗口，每个感知扫描窗口都施加对应的一个 PTP 操作，得到的 4 个多模态局部交互信息被传递到第一个隐藏层上，作为 H1-1 列上对应的 4 个节点信息。

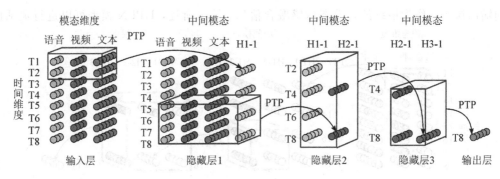

图 3.5　包含四层网络的 HPFN 架构示意图

当第一个隐藏层上的网络节点全部构建完毕，将第一个隐藏层的 H1-1 列上所有节点信息传递到第二个隐藏层，作为 H1-1 列上对应的 4 个节点信息。在第一个隐藏层上设置 4×4 大小的感知扫描窗口，沿着时间维度可以得到 2 个感知扫描窗口。每个感知扫描窗口都施加对应的一个 PTP 操作，得到的 2 个多模态局部交互信息被传递到第二个隐藏层，作为 H2-1 列上对应的 2 个节点信息。接着，将第二个隐藏层的 H2-1 列所有节点信息传递到第三个隐藏层，作为 H2-1 列上对应的 2 个节点信息。在第二个隐藏层上设置 4×2 大小的感知扫描窗口，沿着时间维度可以得到 1 个感知扫描窗口。经过 PTP 操作之后，得到的 1 个多模态局部交互信息被传递到第三个隐藏层，作为 H3-1 列上对应的 1 个节点信息。接着，在第三个隐藏层上设置 2×2 大小的感知扫描窗口，沿着时间维度可以得到 1 个感知扫描窗口。经过 PTP 操作之后，得到的 1 个多模态全局交互信息作为输出信息，用于后续的回归或者判别任务分析。

在式 (3.5) 中，可以发现 PTP 模块同时完成了卷积操作、池化操作以及线性变换操作。分层多模态情感信息融合网络和卷积运算网络 ConvAcs (convolutional arithmetic circuits)[152] 存在许多相似之处，ConvAcs 可以看作是卷积神经网络 CNN 的一种变种模型。ConvAcs 和 CNN 相比，区别在于 CNN 网络架构里包含了非线性激活函数以及平均或者最大池化模块，ConvAcs 包含的是线性激活函数以及基于乘法操作的池化模块。为了客观衡量 ConvAcs 的模型表达能力，ConvAcs 的作者在论文中对 ConvAcs 和传统的 CNN 架构以及另一种分层学习架构——分层塔克分解模型 HTD (hierarchical tucker decomposition)[153] 进行模型表达能力方面的对比分析。实验表明，深层次 ConvAcs 与传统 CNN 或者 HTD 相比，具有更强大的模型表达能力。

将本书所提出的 PTP 和 ConvAcs 进行架构层面的对比分析，发现当采用 CP 网络形式表示数据张量和权重张量时，对应的 PTP 模块表达能力与浅层 ConvAcs 的表达能力相当。当采用 HTD 张量网络形式表示数据张量和权重张量时，对应的 PTP 模块表达能力与深层次 ConvAcs 的表达能力相当。PTP 和 ConvAcs 最主要的区别在于，ConvAcs 是对每一个模态特征向量进行池化操作，PTP 是对计算得到的多模态情感信息融合向量进行池化操作。堆叠 PTP 得到多个网络层的方式，等价于采用多个 HTD 进行多模态情感信息融合任务，意味着 HPFN 架构表达能力与深层次 ConvAcs 架构表达能力相当。因此，借鉴深层次 ConvAcs 架构设计，可以以一种更为灵活的方式由 HPFN 架构学习得到复杂多线性多模态情感交互信息。

由于 HPFN 和 TFN 网络 (tensor fusion network) 以及 LMF 网络 (low-rank multimodal fusion network) 都采用了张量网络进行多模态情感信息融合工作。因此，本书将对 HPFN

和 TFN 以及 LMF 进行复杂度层面的对比分析。由于本书中所构建的数据张量以及权重张量在高维空间中仍然是对称的，因此权重张量所包含的参数数量取决于模态交互阶数 P 的大小，以及感知扫描窗口内所有数据拼接得到的数据尺寸。对于包含 L 层网络的 HPFN 架构，所需的参数数量取决于扫描感知窗口数量 $\sum\limits_{l=1}^{L} N_l$（即 PTP 模块的个数），其中 N_l 是第 l 层 $(l\in[L])$ 的扫描感知窗口数量。值得注意的是，N_l 的大小通常来讲都是比较小的，并且随着层数的增加，对应的 N_l 大小呈递减的趋势，即 $N_1 > N_2 > \cdots > N_L$。采用时间维度上的参数共享策略，可以计算得到更小的 N_l。表 3.2 展示了 TFN、LMF 和 PTP 对应的参数量。I_y 对应于输出向量尺寸，M 对应于模态个数，R 对应于张量网络秩。对于 PTP 模块，参数 T 和 S 对应于局部感知扫描窗口尺寸，其中 $S \leqslant M$。$I_{t,m}$ 对应于时刻 t 的模态 m 位置的特征信息。与 LMF 网络相比，HPFN 网络的参数数量高于或者与 LMF 的参数数量相当。与 TFN 网络相比，HPFN 网络的参数数量远远小于 TFN 的参数数量。

表 3.2　TFN 网络、LMF 网络以及 PTP 模块之间的复杂度对比分析

模型	参　数　量
TFN	$O\left(I_y \prod\limits_{m=1}^{M} I_m\right)$
LMF	$O\left(I_y R\left(\sum\limits_{m=1}^{M} I_m\right)\right)$
PTP	$O\left(I_y R\left(\sum\limits_{t=1}^{T} \sum\limits_{m=1}^{S} I_{t,m}\right)\right)$
HPFN	$O\left(I_y R\left(\sum\limits_{l=1}^{L} N_l\right) \backslash \sum\limits_{t=1}^{T} \sum\limits_{m=1}^{S} I_{t,m}\right)$

3.2.3　混阶多项式张量池化

由于 PTP 只针对单个阶数固定的情感表征空间进行情感分析，无法从多个混阶情感表征子空间内学习得到潜在情感状态变化信息。因此，本章进一步提出了混阶多项式张量池化模块 MOPTP。实际上，每一个多模态情感表征空间的表达能力或是容纳信息能力的上限是由对应空间阶数决定的，单个阶数固定的多模态情感表征空间只包含了特定粒度范围的情感特征信息。因此，由基于阶数固定的多模态情感分析方法无法得到足够丰富复杂的情感粒度信息，意味着由多模态情感分析网络不能得到更为深层次的情感状态变化信息，

在一定程度限制了情感分析网络的学习性能。为了解决 PTP 在情感分析方面存在的问题，本章进一步提出了混阶多项式张量池化模块。通过自适应激活多个混阶多模态情感表征子空间之间潜在情感状态变化信息，计算得到更为丰富复杂的多模态情感交互信息，在一定程度上可以提升对应模型的学习性能。

给定一组模态特征信息 $\{x_m\}_{m=1}^{M}$，MOPTP 能够学习得到多个多模态情感表征子空间之间的潜在交互信息 x。图 3.6 对应于 MOPTP 模块的具体操作过程。

首先将以上模态特征信息 $\{x_m\}_{m=1}^{M}$ 拼接为一个长向量 $\boldsymbol{x}_{12\cdots M}^{\mathrm{T}}$，如式（3.7）所示：

$$\boldsymbol{x}_{12\cdots M}^{\mathrm{T}} = [x_1^{\mathrm{T}},\ x_2^{\mathrm{T}},\ \cdots,\ x_M^{\mathrm{T}}] \tag{3.7}$$

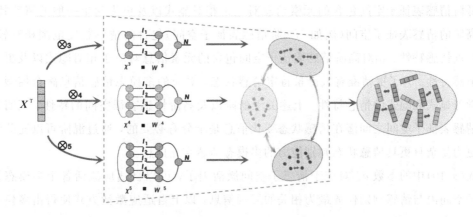

图 3.6　混阶多项式张量池化模块 MOPTP

接着，对上述拼接得到的长向量 $\boldsymbol{x}_{12\cdots M}^{\mathrm{T}}$ 施加 P -阶张量积操作，得到一个 P -阶情感表征子空间 X^P，表示如式（3.8）所示：

$$X^P = x_{12\cdots M} \bigotimes_1 x_{12\cdots M} \bigotimes_2 \cdots \bigotimes_P x_{12\cdots M} \tag{3.8}$$

对应的 P -阶池化权重张量 $\boldsymbol{W} = [\boldsymbol{W}^1,\ \cdots,\ \boldsymbol{W}^h,\ \cdots,\ \boldsymbol{W}^H]$ 被作用于以上 P -阶情感表征子空间 X^P，计算得到对应的 P 阶多模态情感交互信息 x_h，表示如式（3.9）所示：

$$x_h = \sum_{i_1,\ i_2,\ \cdots,\ i_P} \boldsymbol{W}_{i_1 i_2 \cdots i_P}^h \cdot X_{i_1,\ i_2,\ \cdots,\ i_P}^P \tag{3.9}$$

值得注意的是，由式（3.8）计算得到的 P 阶情感表征子空间 X^P 只包含了特定粒度范围的情感特性信息，对应的情感粒度范围上限由空间阶数 P 决定，具有一定局限性。因此，基于 PTP 模块，本章进一步提出了更具有表征能力的混阶多项式张量池化模块 MOPTP。当引入 MOPTP 分析模块时，式（3.9）可以改写成式（3.10）所示：

$$x_h = \sum_{n=1}^{N} a_n^h \sum_{i_1, i_2, \cdots, i_n} W_{i_1 i_2 \cdots i_P}^h \cdot X_{i_1, i_2, \cdots, i_P}^n \tag{3.10}$$

其中，N 对应于 P-阶多模态情感表征子空间个数。多模态情感交互信息 x_h 中的每一个位置上的元素都充分吸收了来自混阶多模态情感表征空间对应位置上元素们的联合贡献。混阶多模态情感表征空间包含了 N 个情感表征子空间{1-阶情感表征子空间，2-阶情感表征子空间，…，N-阶情感表征子空间}。

不同阶数情感表征子空间包含的情感粒度范围是不同的。例如，相对低阶的情感表征子空间（例如 1-阶情感表征子空间）包含的情感粒度范围相对比较小，为粗粒度情感特性。相对低阶情感表征子空间包含的元素信息对应于相对显式以及更为简单一般的情感特性。相对高阶的情感表征子空间（例如 N-阶情感表征子空间）包含的情感粒度范围相对较大，为细粒度情感特性。相对高阶情感表征子空间包含的元素信息对应于相对隐式以及更为复杂的情感特性。为了更精准有效衡量特定情感状态，对应的多模态情感信息融合模型需要同时学习显式和隐式的情感特性。上述关于低阶以及高阶情感表征空间的特性，证明计算混阶情感表征子空间之间潜在情感状态变化信息是十分有必要的，通过混阶可以充分学习得到更为复杂且更具情感状态判别能力的多模态情感交互信息。

式（3.10）中的参数 a_n^h 对应于情感子空间激活因子，可以自适应激活各个多模态情感表征子空间内与情感判别任务最为相关的元素信息。以上自适应激活方式使得由多模态情感信息融合模型能够学习得到多个多模态情感表征子空间之间潜在的情感状态变化信息。实际上，由多个多模态情感表征子空间相同位置元素经过协同作用计算得到 x_h 中对应位置的元素信息更具有情感判别能力，协同作用主要由子空间自适应激活函数实现。以上子空间自适应激活函数能够基于不同多模态情感表征子空间的情感粒度特性，自适应修正或更新 x_h 中每一个情感元素表示。x_h 中每一个元素都充分吸收了多个多模态情感表征子空间的综合贡献，可计算得到更为丰富复杂且更具判别能力的多模态情感交互信息。x_h 中每一个元素对应的是特定位置下情感状态变化信息，情感状态变化主要体现在 x_h 的每一个元素包含了不同情感粒度的情感表征信息。

以上情感子空间激活因子 a_n^h 是由特定的线性函数学习得到的。本书采用了两种简单线性函数，分别为实值激活函数和分段线性激活函数。实值激活函数意味着 a_n^h 的值对应一个固定实数，所有多模态情感表征子空间都被同时激活。x_h 中每一个元素都充分吸收了所有多模态情感表征子空间的综合贡献，x_h 中每一个元素都同时包含了任意情感粒度范围的粗粒度情感表征信息以及细粒度情感表征信息。分段激活线性函数意味着 a_n^h 的值的取值范围在 0～1 之间，最大化了情感分析模型的学习性能，意味着只有个别多模态情感表征子空间被激活。x_h 中每一个元素只能有选择吸收部分多模态情感表征子空间的贡献，x_h 中每一个元素只能包含部分情感粒度范围的粗粒度情感表征信息以及细粒度情感表征信息。与实值子空间激活函数相比，通过分段线性激活函数使得多模态情感信息融合模型能够得到更为稀疏的多模态情感交互信息。

随着多模态情感交互阶数 P 的增大，式(3.10)中的权重参数 $W^h_{i_1 i_2 \cdots i_P}$ 呈指数级增长趋势，对应的计算复杂度以及存储量随之急剧增加。因此，本书采用低秩张量网络低秩近似表示 $W^h_{i_1 i_2 \cdots i_P}$，式(3.10)可以进一步改写成式(3.11)表示形式：

$$x = \sum_{n=1}^{N} a_n \sum_{r=1}^{R} a_r \left(\prod_{p=1}^{n} w_p^{(r)} \cdot \prod_{p=1}^{n} x_{12 \cdots M} \right)$$

$$= \sum_{n=1}^{N} a_n \prod_{p=1}^{n} \left(\sum_{r=1}^{R} a_r w_p^{(r)} \cdot x_{12 \cdots M} \right) \tag{3.11}$$

采用低秩张量环网络 TR(tensor ring network)低秩近似表示 $W^h_{i_1 i_2 \cdots i_P}$ 时，式(3.11)可以进一步改写成式(3.12)表示形式：

$$x = \sum_{n=1}^{N} a_n \sum_{r_1, r_2, \cdots, r_n} a_{r_1, r_2, \cdots, r_n} \left(\prod_{p=1}^{n} g_{r_p, r_{p+1}}^{(p)} \right) \left(\prod_{p=1}^{n} x_{12 \cdots M} \right)$$

$$= \sum_{n=1}^{N} a_n \prod_{p=1}^{n} \left(\sum_{r_1, r_2, \cdots, r_n} a_{r_1, r_2, \cdots, r_n} g_{r_p, r_{p+1}}^{(p)} \cdot x_{12 \cdots M} \right) \tag{3.12}$$

其中，式(3.12)中所包含的块向量 $\{\{ g_{r_p, r_{p+1}}^{(p)} \}_{p=1}^{P} \}_{n=1}^{N}$ 对应于多模态情感信息融合网络参数，$\{r_p\}_{p=1}^{P}$ 为张量环网络的张量秩，$r_{p+1} = r_1$。基于以上低秩张量环网络，由本书所提出的多模态情感信息融合模型能够有效计算得到多个 P-阶多模态情感表征子空间 X^P 以及对应的 P-阶池化权重张量 W。基于以上低秩近似表示方法，不需要创建并且存储原始大型多模态情感表征子空间以及权重张量 W，只需存储多模态情感表征子空间低秩近似表示以及权重张量低秩近似表示，在一定程度上能有效应对维数灾难问题。

3.2.4　树状分层多模态情感信息融合框架

上文提出的分层多模态情感信息融合网络 HPFN 在每一层网络上只能施加一个情感分析策略进行情感分析任务。调换不同网络层的情感分析策略，可得到不同情感特征信息。因此，HPFN 对情感分析策略的施加顺序存在一定敏感性，限制了模型的情感分析性能。例如，在 HPFN 的第一个网络层上施加一个多模态情感分析策略 A，接着在 HPFN 的第二个网络层上施加一个不同的多模态情感分析策略 B。经过两层多模态情感分析网络层的叠加处理分析，可计算得到对应的一个特定多模态情感融合信息。此外，改变以上多模态情感分析策略的施加顺序，即在 HPFN 的第一个网络层上施加多模态情感分析策略 B，接着在 HPFN 的第二个网络层上施加多模态情感分析策略 A。经过两层多模态情感分析网络层的叠加处理分析，可计算得到一个对应于当前多模态情感分析策略顺序的多模态情感融合信息。由以上计算得到的多模态情感融合信息包含了情感分析策略 A 以及情感分析策略 B 的综合情感分析策略特性。

需要明确的是，两种情感分析策略施加顺序不同计算得到的多模态情感融合信息是不尽相同的。第一层网络层经过情感分析策略 A 的处理分析，计算得到的多模态情感融合信息包含了情感分析策略 A 的策略特性。接着将第一层网络的输出信息传递到第二层网络，进一步深入学习得到包含情感分析策略 B 的策略特性的多模态情感融合信息。经过两层网络的叠加分析，计算得到一个对应于当前多模态情感分析策略施加顺序的多模态情感融合信息（即先施加情感分析策略 A，接着施加情感分析策略 B）。如果改变以上多模态情感分析策略的施加顺序，意味着当前第二层网络的输入数据和以上计算得到的数据不尽相同，同时，经过两层网络的叠加分析计算得到的多模态情感融合信息和以上计算得到的数据也不尽相同。综上所述，尽管基于不同多模态情感分析策略施加顺序计算得到的多模态情感融合信息都包含了多个多模态情感分析策略的特性，但是不同的施加顺序计算得到的多模态情感融合信息是不尽相同的。因此 HPFN 框架对多模态情感分析策略的施加顺序存在一定的敏感性。

基于 HPFN 框架，本书进一步提出了树状分层多模态情感信息融合框架 TMOPFN。对树状框架通过在同一个网络层上施加多个多模态情感分析策略，可以从多个情感分析角度学习得到多层次的复杂多模态情感融合信息。例如，可以在同一个网络分析层上同时施加多模态情感分析策略 A 以及多模态情感分析策略 B，计算得到的多模态情感融合信息同时包含了两种多模态情感分析策略的特性。值得注意的是，以上通过 TMOPFN 计算得到的多模态情感融合信息并不会受到多模态情感分析策略施加顺序的影响，在一定程度上可以有效应对多模态情感分析策略的施加顺序问题。基于 MOPTP，进一步构建得到树状分层多模态情感信息融合框架 TMOPFN，通过同时拓宽网络深度和宽度可得到更为丰富复杂的多模态情感融合信息。TMOPFN 的拓宽网络宽度操作对应于在同一个网络层上同时施加多个多模态情感深度分析策略。TMOPFN 的加深网络深度操作对应于采用循环迭代的学习方式将上一层网络计算得到的多模态情感融合信息传递到下一层网络。

在网络的输入层上，将多模态时序数据组织成一个形似矩阵的结构，矩阵的维度分别为时间维度以及模态维度，矩阵中的每一个节点对应特定时刻下特定模态的模态特征向量。相较于其他模态数据，文本数据包含的情感特性是最多的，因此将其他模态数据都按照文本数据的分割形式进行对齐操作，即每一个时刻都对应着文本数据中的每一个单词。接着采用扫描感知窗口同时沿着时间维度以及模态维度进行扫描操作，将窗口内的所有节点信息拼接成一个一维多模态长向量信息，该多模态长向量信息中包含着局部动态多模态情感交互信息。基于每一个扫描感知窗口内拼接得到的一维多模态长向量信息，采用一个混阶多项式池化模块对多模态长向量信息进行池化融合操作，可以同时构建得到多个多模态情感表征子空间。每个情感表征子空间对应一个特定的多模态情感交互阶数，包含不同的多模态情感粒度信息。

基于以上多个多模态情感表征子空间，进一步通过自适应激活多个多模态情感表征子空间内与情感分析任务最为相关的位置信息，可计算得到多个情感表征子空间之间的潜在情感状态变化信息。该情感状态变化信息吸收了多个情感表征子空间的联合贡献，包含了更为丰富复杂的多模态情感粒度信息，一定程度上提升了对应多模态情感信息融合模型的学习性能和情感状态判别能力。综上所述，本书提出的树状多模态情感信息融合模型通过在同一层网络上施加多个多模态情感分析策略，得到了更为深层次的多模态情感融合信息。每一个多模态情感分析策略包含不同的情感分析策略特性，具备不同的情感分析能力。接着，将每一层多模态情感分析网络层的输出信息传送到下一个网络层，通过加深多模态情感分析网络的方式，得到更高层次的多模态情感融合信息。

对树状多模态情感信息融合框架的每一个网络层施加多个扫描感知窗口，窗口的大小由时间维度以及模态维度上的步长共同决定。当扫描感知窗口相对较大时，窗口内包含了较为复杂丰富的多模态情感交互信息。基于较大的扫描感知窗口，多模态情感信息融合模型可以在相对较大的多模态情感表征空间内得到更为复杂丰富的多模态情感交互信息，在一定程度上能够提高对应的多模态情感分析任务的精度。在构建得到的每一个感知扫描窗口内，通过施加多个多模态情感分析策略，可以同时从不同情感分析角度上得到多层次多模态情感交互信息。当在感知扫描窗口内施加混阶多项式融合操作时，每一个混阶多项式融合模块都包含了多个不同阶数的多模态情感表征子空间。阶数相对比较大的多模态情感表征子空间包含了更为广泛的情感粒度信息，即包含了更为复杂丰富的多模态情感交互信息，可以有效应对复杂情感分析任务。阶数相对比较小的多模态情感表征子空间包含了相对较少的情感粒度信息，即包含了较为简单的多模态情感交互信息，学习得到更具一般性质以及粗粒度的情感状态判别信息，可以有效应对简单情感分析任务。此外，每一个多模态情感表征子空间对应的空间阶数可以设置为离散式而非连续式的。离散式操作使模型可以在包含更为广泛多模态情感粒度信息的情感表征空间内进行多模态情感信息融合任务，计算得到更具情感表征能力的多模态情感交互信息。基于离散式空间阶数，可以构建得到更深层次以及更具备情感表达能力的多模态情感信息融合模型。

表 3.3 展示了树状多模态情感信息融合框架的各类网络架构。[—]对应于当前网络层的配置信息，$MOPTP_m^k$ 对应于第 k 层的第 m 个多模态融合节点，a 指代语音模态数据 (audio)，v 指代视频模态数据（video），t 指代文本模态数据（text）。

表 3.3　TMOPFN 各类架构表

模　型	网络层配置信息
TMOPFN-L3-S1	$$[MOPTP_1^{h_1}(a, v, t)]-$$ $$[MOPTP_1^{h_2}(MOPTP_1^{h_1}, t), MOPTP_2^{h_2}(a, t), MOPTP_3^{h_2}(a, v),$$ $$MOPTP_4^{h_2}(t, v)]-[MOPTP_1^{O}(MOPTP_1^{h_2}, MOPTP_2^{h_2}, MOPTP_3^{h_2},$$ $$MOPTP_4^{h_2})]$$
TMOPFN-L3-S2	$$[MOPTP_1^{h_1}(a, t), MOPTP_2^{h_1}(a, v), MOPTP_3^{h_1}(l, v)]-$$ $$[MOPTP_1^{h_2}(a, v, t)]-[MOPTP_1^{O}(MOPTP_1^{h_2}, MOPTP_2^{h_2}, MOPTP_3^{h_2}]$$
TMOPFN-L3-S3	$$[MOPTP_1^{h_1}(a, t), MOPTP_2^{h_1}(a, v), MOPTP_3^{h_1}(t, v)]-$$ $$[MOPTP_1^{h_2}(MOPTP_1^{h_1}, v), MOPTP_1^{h_2}(MOPTP_1^{h_1}, t),$$ $$MOPTP_1^{h_2}(MOPTP_1^{h_1}, a)]-[MOPTP_1^{O}(MOPTP_1^{h_2}, MOPTP_2^{h_2},$$ $$MOPTP_3^{h_2}]$$

图 3.7、图 3.8 以及图 3.9 对应于树状多模态情感信息融合框架 TMOPFN。与分层多模态情感信息融合框架 HPFN 所包含的三层网络架构相比，TMOPFN 对应的三层网络架构通过对同一个输入网络层同时施加多个多模态情感分析策略，可计算得到多个多层次多模态情感交互信息。为了和 HPFN 的网络架构描述保持一致，TMOPFN 中仍然采用"第一个隐藏层"以及"第二个隐藏层"网络架构描述。

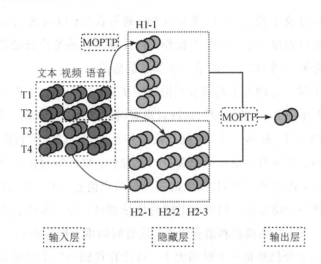

图 3.7　TMOPFN-L3-S1 架构示意图

如图 3.7 所示，在输入层上沿着时间维度以及模态维度施加一个感知扫描窗口，该窗口的大小为 4×3(4 个时间时刻×3 个模态)，则该窗口内包含了 12 个模态特征向量。接着，将窗口内包含的 12 个数据向量拼接成一个长向量信息，对该长向量信息施加混阶多项式融合模块 MOPTP，可计算得到该窗口内的局部深层次多模态情感交互信息。该交互信息传送到第一个隐藏层，作为第一列 H1-1 上的节点信息。值得注意的是，所施加的 MOPTP包含了多个多模态情感表征子空间，每个多模态情感表征子空间对应于不同的空间阶数，包含了不同的情感粒度信息，即不同层次的情感特征信息。例如高阶多模态表征子空间包含了更多细粒度情感信息，可以整合得到更为综合丰富的情感特性信息。较为低阶的多模态表征子空间包含了更多粗粒度情感信息，可以整合得到更具一般性质的情感特性信息。

第一层隐藏层构建完毕后，接着进行第二层隐藏层的构建工作。由第一个隐藏层施加的多模态情感分析策略可以得到多个模态之间的全局多模态情感交互信息，由第二个隐藏层施加的多模态情感分析策略则可以得到细粒度跨模态情感交互信息。在输入层上沿着时间维度以及模态维度施加一个感知扫描窗口，该窗口的大小为 2×2(2 个时间时刻×2 个模态)，则该窗口内包含了 4 个模态特征向量。以上模态特征向量对应于文本模态 T1 时刻和T2 时刻的数据，以及视频模态 T1 时刻和 T2 时刻的数据。接着，对该窗口施加一个MOPTP 操作，可计算得到文本模态和视频模态之间的跨模态情感交互信息。该交互信息传送到第二个隐藏层，作为第一列 H2-1 上的第一个节点信息。接着，将同等大小(2×2)的感知扫描窗口沿着时间维度滑动一个时刻大小，则该窗口内包含了 4 个模态特征向量。以上模态特征向量对应于文本模态 T2 时刻和 T3 时刻的数据，以及视频模态 T2 时刻和 T3 时刻的数据。对该窗口施加一个 MOPTP 操作，将计算得到的跨模态情感交互信息传送到第二个隐藏层，作为第一列 H2-1 上的第二个节点信息。

第二个隐藏层上第一列的两个网络节点构建完毕后，进行第二个隐藏层上其他网络节点的构建工作。将大小为 2×2 的感知扫描窗口沿着时间维度继续滑动一个时刻大小，则该窗口内包含了文本模态 T3 时刻和 T4 时刻的模态特征向量，以及视频模态 T3 时刻和 T4 时刻的模态特征向量。对该窗口施加一个 MOPTP 操作，将计算得到跨模态情感交互信息传送到第二个隐藏层，作为第一列 H2-1 上的第三个节点信息。在三个扫描感知窗口之间设置重叠操作，可得到多个模态在时间维度上的时序依赖性，进一步整合得到更为丰富的多模态情感交互信息。对于视频模态和语音模态，沿着时间维度同样施加三个扫描感知窗口，窗口之间的时域重叠部分仍然是一个时刻大小。将计算得到的三个跨模态情感交互信息传送到第二个隐藏层，作为第二列 H2-2 的三个节点信息。对于文本模态和语音模态，同样沿着时间维度施加三个扫描感知窗口。将计算得到的三个跨模态情感交互信息传送到第二个隐藏层，作为第三列 H2-3 的三个节点信息。接着，将第一个隐藏层以及第二个隐藏层中所有节点信息拼接得到一个长向量信息。对以上长向量信息施加一个 MOPTP 模块，并将计算得到的多模态情感交互信息传送到输出层。

以上树状多模态情感信息融合模型的具体构建过程可以总结如下，首先采用具有特定大小的感知扫描窗口同时沿着时间维度以及模态维度进行数据扫描操作。接着，将感知扫描窗口内包含的所有模态特征信息拼接成一个长向量信息，对该长向量施加混阶多项式池化操作，计算得到该扫描窗口内的局部动态多模态情感交互信息。可以发现，影响最终计算得到的多模态情感交互信息的其中一个因素是扫描感知窗口的尺寸大小，扫描感知窗口的一个维度对应于时间维度，另一个维度对应于模态维度，意味着窗口的尺寸大小由扫描时刻大小以及扫描模态个数共同决定。影响最终计算得到的多模态情感交互信息的另外一个因素是混阶多项式池化模块中所包含的多模态情感表征子空间的数量。

感知扫描窗口为多模态情感信息融合模型提供了更多的学习可能性。例如，当感知扫描窗口的尺寸相对较大时，窗口内可以囊括更多的模态特征信息，则由混阶多项式池化模块可以计算得到更为丰富复杂和更具情感判别能力的多模态情感交互信息。此外，对每一个扫描感知窗口可以施加特定的混阶多项式张量池化操作，即不同的扫描感知窗口对应着不同的混阶多项式池化模块，由此可以计算得到特定数据区域的局部动态多模态情感交互信息。接着，当前网络层的每一个感知扫描窗口的输出信息都被传送到下一个网络层，作为下一个网络层的节点信息。以上循环迭代学习方式可以将较为低层次的多模态情感交互信息传送到较高网络层，进而得到更为丰富复杂的多模态情感交互信息。

将扫描窗口和混阶多项式池化模块进行组合，可以从局部数据区域得到更为丰富复杂的多模态情感交互信息。实际上，每一个扫描感知窗口可以施加一个混阶多项式张量池化操作，由于每一个混阶多项式张量池化模块中包含了多个具有不同空间阶数的多模态情感表征子空间，并且每一个多模态情感表征子空间包含了具有不同情感粒度范围的情感特征信息，可以整合得到不同层次的多模态情感交互信息。故多模态情感信息融合框架可以从局部多模态情感数据表示中自适应激活不同情感表征子空间中最具有情感判别能力的位置信息。通过以上自适应激活方式可以计算得到多个情感表征子空间之间潜在的多模态情感状态变化信息，在一定程度上能够增强局部多模态数据区域内的多模态情感表征能力。

如图 3.7 和图 3.8 所示，由 L3-S1 网络架构以及 L3-S2 网络架构可以得到多个模态数据之间的局部多模态情感交互信息以及全局多模态情感交互信息。通过进一步整合局部和全部多模态情感交互信息，可以计算得到多个模态数据之间的更具情感状态判别能力的联合多模态情感交互信息。

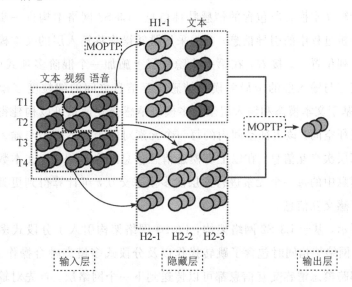

图 3.8　TMOPFN-L3-S2 网络架构示意图

对于 L3-S2 网络架构，在输入层施加一个 4×3 大小的扫描感知窗口，计算得到第一个隐藏层的第一列数据 H1-1，H1-1 包含了输入层所有时刻下所有模态数据之间的全局多模态情感交互特性。接着，对输入层数据施加一个 2×2 大小的扫描感知窗口，可计算得到第二个隐藏层的第一列数据 H2-1，H2-1 包含了输入层某几个时刻下的某几个模态数据之间的局部多模态情感交互特性。与 L3-S1 网络架构相比，L3-S2 网络架构在多模态情感信息融合网络的构建过程中，进一步引入了跳转操作。跳转操作可以将前一层网络包含的重要多模态情感交互信息传送到下一层网络，该操作能够丰富下一层网络的多模态情感数据表示，同时能够充分计算前一层网络的重要交互信息与本层多模态数据之间的潜在多模态情感交互信息。

与视频模态以及语音模态相比，文本模态包含了更为直观和丰富的情感特性信息。例如，当个体说出"这个电影真的很好看"，该文本中包含了"好看"这种表征积极情感状态的词语，使得多模态情感信息融合模型能够高效完成情感分析任务。因此，现有多模态情感信息融合模型都将文本模态作为一种中介模态参与多模态情感信息融合任务。中介模态指的是由文本模态分别与语音模态以及视频模态构成的跨模态情感分析模块，即构建得到以文本模态为核心的跨模态情感语义空间。以上操作使得语音模态以及视频模态能够充分吸收来自文本模态的贡献，与文本模态在新的情感语义空间内进行充分交互作用。

为了充分计算文本模态所包含的情感特性信息，L3-S2 网络架构进一步将文本模态作为多模态情感分析过程中的引导信息。首先采用跳转操作将输入层的文本模态传送到第一个隐藏层的第二列位置上。接着，在第一个隐藏层上施加一个混阶多项式张量池化模块，计算得到文本模态与输入层的全局多模态情感交互信息之间的细粒度多模态情感交互信息。实际上，由基于文本模态和输入层全局多模态情感交互信息可以构建得到一个新的多模态情感语义表征空间。该表征空间内的每一个元素对应于文本模态与输入层全局情感交互信息之间的深层次交互信息。在以上多模态情感信息融合过程中，文本数据引导输入层全局情感交互信息中的每一个元素进行深层次多模态交互，可计算得到更具情感状态表征能力的多模态情感交互信息。

如图 3.9 所示，基于 L3-S2 网络架构，L3-S3 网络架构引入了分段式多模态情感分析策略，即 L3-S3 网络架构同时包含了跳转操作以及分段式多模态融合操作。L3-S3 网络架构中的任意局部跨模态情感交互信息都可以传送到下一个网络层。首先对输入层的文本和视频模态施加一个 2×2 大小的扫描感知窗口，计算得到第一个隐藏层的第一列数据 H1-1。时间维度上的感知扫描窗口的重叠大小为 1，意味着 H1-1 包含了输入层所有时刻下文本和视频模态的局部跨模态情感交互信息。接着，对输入层的视频和语音模态施加一个 2×2 大小的扫描感知窗口，计算得到第二个隐藏层的第一列数据 H2-1。H2-1 包含的每一个元素对应于视频和语音模态特定时刻下的局部跨模态情感交互信息。通过对输入层的文本和语音模态施加一个 2×2 大小的扫描感知窗口，计算得到第三个隐藏层的第一列数据 H3-1。H3-1 所包含的每一个元素对应于文本和语音模态特定时刻下的局部跨模态情感交互信息。

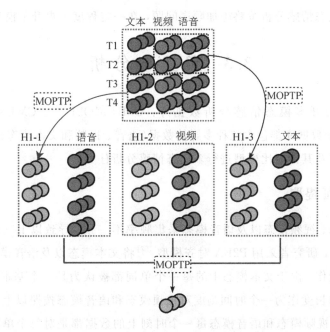

图 3.9　TMOPFN-L3-S3 网络架构示意图

L3-S3 网络架构的三个隐藏层上第一列节点信息计算完毕后，分别在每一个隐藏层上施加一个跳转操作，将输入层的各个模态信息传送到对应的隐藏层，完成分段式多模态情感信息融合任务。例如，将输入层的语音模态信息传送到第一个隐藏层，将输入层的文本模态信息传送到第二个隐藏层，将输入层的视频模态信息传送到第三个隐藏层。接着，对每一个隐藏层施加一个 MOPTP 操作。例如第一个隐藏层实现了文本和视频模态的跨模态情感信息融合任务，计算得到局部跨模态情感交互信息。接着，通过跳转操作计算得到语音、文本和视频模态的多模态情感交互信息。以上分段式多模态情感分析策略可以通过层层递进的方式学习得到多个模态数据之间的细粒度复杂多模态情感交互特性信息。

通过以上跳转操作以及分段式多模态情感分析策略的组合操作，可以让每一个模态都能够作为主要模态参与多模态情感分析任务。例如，第一个隐藏层通过跳转操作引入的语音模态信息能够作为一种主要模态信息，进一步指导第一个隐藏层上的多模态情感交互分析。语音模态数据通过和第一个隐藏层上的跨模态情感交互信息进行充分交互学习，可以计算得到细粒度多模态情感交互特性信息。上述操作一方面可以让每一个模态数据都能够充分发挥作用，另一方面可以学习得到多个模态数据之间的复杂多模态情感交互特性信息。综上所述，与现有分层多模态情感信息融合框架相比，树状多模态情感信息融合框架能够有效应对多模态情感分析策略施加顺序问题，在一定程度上提升了模型的学习性能。

3.3 实验与分析

本章在三个公开多模态情感分析数据库：CMU-MOSI[154]、CMU-MOSEI[155] 以及 IEMOCAP[156] 三个数据库都包含三种多媒体数据（语音、视频和文本模态）。采用多模态情感信息融合模型以及其他对比模型进行多模态情感分析任务。

3.3.1 模态特征提取

由于文本模态、视频模态以及语音模态采集频率不一致，导致以上三种模态数据存在非对齐问题。因此，研究者采用 P2FA 对齐模型[157] 将文本模态以及语音模态在音素级别层面进行强制对齐操作。由于文本模态中的每一个单词都被认为是一个基本单元，因此研究者将每一个单词的长度作为一个时间刻度对视频模态和语音模态按照以上规定的时间刻度进行对齐操作，即视频模态和语音模态每一个时刻上的数据都是对每个单词时长内的数据取平均值得到的。

对于文本模态数据，采用 Glove 单词映射方法[158] 计算得到每一个单词对应的一个长度为 300 的单词特征向量，该方法是在 crawl 数据库上[159]（包含了 840 万亿条文本信息）经过预训练得到的。对于视频模态数据，采用 Emotion FACET 方法[160] 从静态面部图像上抽取 6 种基本情感状态信息。接着，采用 MultiComp OpenFace 方法[161] 进行对应的视频数据处理分析任务，计算得到 68 个面部标记信息、20 个面部形状信息、面部 HOG 特征信息、头部姿势信息以及眨眼轨迹等信息。对于语音模态数据，采用 COVAREP 方法[162] 计算得到 12 Mel-frequency 倒频谱系数信息、音高信息、浊音和辅音分段特征信息、声源系数信息、峰值斜率信息以及最大传播熵值信息。

3.3.2 对比模型和模型性能指标

为了验证 HPFN 以及 TMOPFN 多模态情感信息融合模型的有效性，将该模型与以下对比模型进行对比分析。对比模型包含支持向量机（SVM）[163]、深度融合网络（DF）[164]、双向长短时记忆网络(BC-LSTM)[165]、多视觉长短时记忆网络(MV-LSTM)[166]、基于多注意力循环网络的多模态融合模型(MARN)[167]、基于记忆单元的多模态融合模型(MFN)[168]、张量融合模型(TFN)[169]、低秩多模态融合模型(LMF)[143]、多模态分解模型(MFM)[170]、低秩跨模态转换网络(LMF- MulT)[171]、基于转换网络的多模态融合模型以及基于图神经网络的多模态融合模型[172−175]。

此外,本章将对比分析以下模型指标:平均绝对误差指标 MAE(Mean Absolute Error)、皮尔逊相关系数指标 Corr(Pearson Correlation)、二分类精度 Acc-2(Binary Accuracy)、F1(F1 Score)和多分类精度 Acc-7(7-class Accuracy)。以上模型指标的具体计算公式参见第二章。为了进行公平的对比分析,本章参照论文[143]以及[169]的方式汇报以上模型指标。需要注意的是,二分类任务将情感划分成消极情绪与非消极情绪,消极情绪的标签数值大于 0,非消极情感的标签数值小于 0。

3.3.3　模型训练和实验设置

对于 HPFN、TMOPFN 以及所有对比模型,都采用网格搜索方法确定最佳的网络配置参数,即当分类或者回归的验证损失函数达到最佳时,得到的网络配置参数为最佳网络参数组合。接着,将基于以上最佳网络配置参数构建得到的多模态情感信息融合模型作为测试模型,计算得到情感状态判别结果。以上所有模型的优化训练器都采用 Adam 优化器,模型的训练时长由人为控制,当达到预先设定的训练次数时停止模型训练。经过多次训练发现,只要设定训练次数在 6~20 左右,即可达到较佳的模型性能。此外,所有模型的训练集合、验证集合以及测试集合的划分策略都是一致的。同时,所有模型的训练集合、验证集合和测试集合不会共享同一个被试的数据,即每一个被试的数据不会同时存在于训练集合、验证集合以及测试集合中。所有模型的训练集合、验证集合以及测试集合的样本划分如下所示:IEMOCAP 数据库的样本划分为(6373,1775,1807)、CMU-MOSI 数据库的样本划分为(1284,229,686)、CMU-MOSEI 数据库的样本划分为(15290,2291,4832)。

本章采用低秩张量网络近似表示 PTP 和 MOPTP 模块的权重张量,对应的张量网络所包含的张量秩为(1,4,8,16)。由于 HPFN 以及 TMOPFN 模型都涉及向量乘法操作,若向量中包含的元素数值在 0~1 之间,则向量经过多次向量乘法操作可能得到一个元素数值过小的向量表示,对分类器的分类性能造成极大挑战。为了解决以上问题,本章采用功率归一化方法或 L2 范数归一化方法对经过多次乘法运算的多模态融合向量进行归一化操作,尽可能使得多模态向量表示中的元素差异保持不变。本章使用的计算资源包含了若干个 CPU 以及 GPU。CPU 对应的型号为 Intel(R) Core(TM) i9-10900X CPU@3.70GHz，GPU 对应的型号为 GeForce RTX 3080。此外，所有实验采用的深度学习平台为 pytorch，采用的编程语言为 python。

3.3.4　实验结果与分析

　　表 3.4 和表 3.5 展示了 HPFN 模型以及 TMOPFN 模型和其他多模态情感分析模型在三个公开多模态情感数据库上的对比实验结果，其他对比模型应用于多模态情感语义分析以及多模态情感判别任务中。如表 3.4 和表 3.5 所示，表格底部对应的是所提出模型的最佳实验结果。本章所提出的 TMOPFN 模型以及 HPFN 模型在所有模型指标上都显著超越了现有多模态情感信息融合模型。值得注意的是，树状多模态情感信息融合模型 TMOPFN 在所有模型指标上基本都超越了分层多模态情感信息融合模型 HPFN。以上实验结果表明，相比于模态交互阶数固定的分层多模态情感信息融合框架，由基于混阶池化模块的树状多模态情感信息融合框架能够学习得到更具情感状态判别能力的多模态情感融合信息。

表 3.4　CMU-MOSI 多模态数据库的实验结果

模　型	输　入	参数量	CMU-MOSI 数据库				
			MAE	Corr	Acc-2	F1	Acc-7
SVM	(A+V+T)	—	1.864	0.057	50.2	50.1	17.5
DF	(A+V+T)	—	1.143	0.518	72.3	72.1	26.8
BC-LSTM	(A+V+T)	1.7M	1.079	0.581	73.9	73.9	28.7
MV-LSTM	(A+V+T)		1.019	0.601	73.9	74.0	33.2
MARN	(A+V+T)	—	0.968	0.625	77.1	77.0	34.7
MFN	(A+V+T)	0.5M	0.965	0.632	77.4	77.3	34.1
TFN	(A+V+T)	12.5M	0.970	0.633	73.9	73.4	32.1
LMF	(A+V+T)	1.1M	0.912	0.668	76.4	75.7	32.8
MFM	(A+V+T)	—	0.951	0.662	78.1	78.1	36.2
LMF-MulT	(A+V+T)	—	1.016	0.647	77.9	77.9	32.4
HPFN-L1(P=8)	(A+V+T)	0.09M	0.968	0.648	77.2	77.2	36.9
TMOPFN-L1(P=[1, 2])	(A+V+T)	0.09M	0.938	0.678	79.6	79.6	37.9

续表

模 型	输 入	参数量	CMU-MOSI 数据库				
			MAE	Corr	Acc-2	F1	Acc-7
TMOPFN-L2(P=[1，2])	(A+V+T)	0.11M	0.943	0.659	78.6	78.7	38.3
TMOPFN-L3-S3 (P=[1，2])	(A+V+T)	0.12M	0.949	0.652	77.6	77.7	37.3
HPFN	(A+V+T)	0.11M	0.945	0.672	77.5	77.4	36.9
TMOPFN	(A+V+T)	0.12M	0.908	0.678	79.6	79.6	39.4
SOTA	—	—	↓0.004	↓0.01	↑1.5	↑1.5	↑3.2

在模型指标"Acc-7"上，"TMOPFN-L3-S2，2 subspaces"（树状多模态情感信息融合框架包含了 2 个混阶多模态情感表征子空间）的实验结果显著超越了多模态情感信息融合框架 MFM，两者结果上的差距为 3.2%。同时，可以发现"TMOPFN-L3-S1，2 subspaces"在模型性能衡量指标"MAE"上取得了最佳的模型学习结果。以上实验结果表明：① 树状框架能够从多个多模态情感分析角度上学习得到多层次多模态情感交互信息，即能够学习得到更具情感状态判别能力的多模态情感交互信息；② 在模型性能衡量指标"Corr"、"Acc-2"以及"F1"上，"TMOPFN-L1，2 subspaces"都取得了最佳模型学习结果；③ 由混阶张量池化模块能够学习得到多个不同阶数多模态情感表征子空间之间的潜在情感状态变化信息。以上潜在情感状态变化信息可以进一步整合得到更为丰富复杂的多模态情感交互信息，在一定程度上提升了多模态情感信息融合模型的学习性能。

表 3.5　CMU-MOSEI 以及 IEMOCAP 多模态数据库的实验结果

模型	IEMOCAP 数据库				CMU-MOSEI 数据库				
	F1-Happy	F1-Sad	F1-Angry	F1-Neutral	MAE	Corr	Acc-2	F1	Acc-7
SVM	81.5	78.8	82.4	64.9	0.77	0.46	73.9	73.6	39.9
DF	81.0	81.2	65.4	44.0	0.72	0.51	74.0	72.5	43.5
BC-LSTM	81.7	81.7	84.2	64.1	0.72	0.51	75.8	75.5	44.6
MV-LSTM	81.3	74.0	84.3	66.7	0.72	0.52	76.4	76.4	43.5

模型	IEMOCAP 数据库				CMU-MOSEI 数据库				
	F1-Happy	F1-Sad	F1-Angry	F1-Neutral	MAE	Corr	Acc-2	F1	Acc-7
MARN	83.6	81.2	84.2	65.9	0.73	0.51	75.9	75.8	43.2
MFN	84.0	82.1	83.7	69.2	0.72	0.52	76.0	76.0	43.2
TFN	83.6	82.8	84.2	65.4	0.72	0.52	74.8	75.4	44.7
LMF	85.8	85.9	89.0	71.7	—	—	—	—	—
MFM	85.8	86.1	86.7	68.1	—	—	—	—	—
LMF-MulT	84.1	83.4	86.2	70.8					
HPFN-L1(P=8)	85.7	86.5	87.9	71.8	0.71	0.53	75	75	45.2
TMOPFN-L1(P=[1, 2])	86.0	86.6	88.6	72.5	0.71	0.55	75.3	75.5	45.4
TMOPFN-L2(P=[1, 2])	87.4	86.8	90.2	72.6	0.71	0.55	75.9	75.9	45.3
TMOPFN-L3-S3 (P=[1, 2])	85.8	87.4	88.8	73.1	0.71	0.55	75.9	75.7	45.3
HPFN	86.2	86.6	88.8	72.5	—	—	—	—	—
TMOPFN	88.2	87.4	90.2	73.9	0.70	0.55	76.1	76.1	45.6
SOTA	↑2.4	↑1.3	↑1.2	↑2.2	↓0.01	↑0.03	—	—	↑0.9

近年来可以发现在多模态学习领域中，基于 Transformer 网络以及图神经网络的多模态情感信息融合网络展现出了优越的模型表达能力，因此本书对以上两种多模态情感信息融合网络进行了实验对比分析。如表 3.6 和表 3.7 所示，可以发现多模态情感信息融合模型取得最佳的多模态情感判别分析结果，证明了所提出模型在多模态情感分析领域的有效性和优越性。从表 3.6 中可以发现在模型性能衡量指标"Acc-7"上，TMOPFN 的实验结果显著超出 LMF-MulT 模型约 5.4%。以上实验结果表明由混阶池化模块 MOPTP 以及树状多模态情感信息融合框架能够学习得到不同阶数的多模态情感表征子空间之间潜在的多层次多模态情感状态变化信息。由以上计算得到的情感状态变化信息可以进一步整合得到更

为丰富复杂的多模态情感表征信息，一定程度上可以提升多模态情感信息融合模型的情感状态分类精度。

表 3.6　CMU-MOSI 多模态数据库和基于图模型多模态分析框架的对比实验结果

模型	输入	CMU-MOSI 数据库				
		MAE	Corr	Acc-2	F1	Acc-7
Multimodal-Graph	(A＋V＋T)	0.933	0.684	80.6	80.5	32.1
LMF-MulT	(A＋V＋T)	0.957	0.681	78.5	78.5	34.0
TMOPFN	(A＋V＋T)	0.908	0.678	79.6	79.6	39.4

表 3.7　IEMOCAP 数据库和基于 Transformer 多模态分析框架的对比实验结果

模型	输入	IEMOCAP 数据库			
		F1-Happy	F1-Sad	F1-Angry	F1-Neutral
HGMF	(A＋V＋T)	88.7	85.7	88.4	—
MTGAT	(A＋V＋T)	88.4	86.1	87.2	72.3
CTNet	(A＋V＋T)	83.5	86.1	80.0	83.6
LMF-MulT	(A＋V＋T)	84.1	83.4	86.2	70.8
TMOPFN	(A＋V＋T)	88.2	87.4	90.2	73.9

在分层多模态情感信息融合框架中，核心处理模块为多项式张量池化模块 PTP，由该模块可以学习得到多个模态数据之间的高维多线性多模态情感交互信息。因此，本章将对多模态情感交互阶数展开具体实验分析。为了只观察多模态交互阶数对实验结果的影响，需要去除网络层数对实验结果造成的影响，本节只针对一层网络架构 HPFN 的交互阶数进行消融实验分析。以上网络架构包含的多模态数据不包含时间维度，即多模态数据中的每一个元素都是沿时间维度进行平均池化的。对应的多模态情感表征子空间的阶数用"P"表示，P 为离散整数，P 的取值大小在 $1 \sim 9$ 之间。如图 3.10 所示，可以发现随着阶数 P 的变化，所提出的模型都能在多模态情感分析任务中取得不错的实验结果。同时，对于 CMU-MOSI 数据库如图 3.10(e) 所示，可以发现当阶数 P 取值为 4 时，HPFN 可以取得最佳的情感状态判别结果。对于 IEMOCAP 数据库的平静情感分类任务如图 3.10(a) 所示，可以发现当阶数 P 取值为 3 时，HPFN 可以取得最佳的情感状态分析结果。对于

IEMOCAP 数据库的其他情感(高兴、愤怒和悲伤)分类任务如图 3.10(b)、(c)、(d)所示，可以发现当阶数 P 取值为 6～8 时，HPFN 能够得到最佳的情感状态判别分析结果。

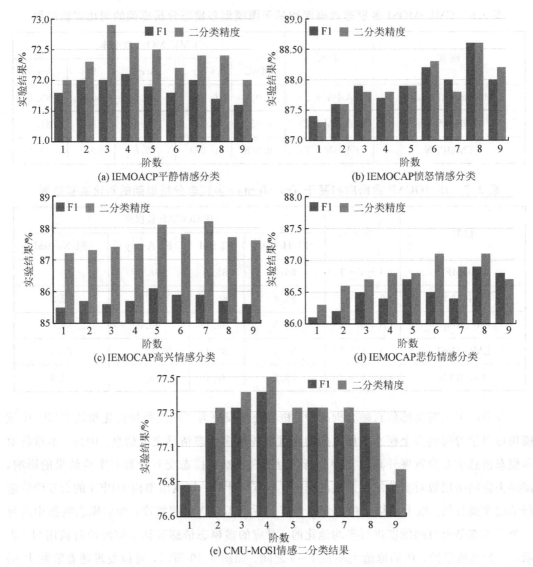

图 3.10 IEMOCAP 以及 CMU-MOSI 数据库上，关于多模态交互阶数的研究分析

值得注意的是，平静情感是一种相对比较直观的情感状态，因此可能只需要从空间阶数相对比较小的多模态情感表征子空间内学习得到相对简单的多模态情感交互信息。空间阶数较小的多模态情感表征子空间包含较少的粗粒度多模态情感特性信息，意味着可以从

较小的情感信息搜索空间内高效学习得到较为低层次的多模态情感交互信息。由此可得，粗粒度多模态情感交互信息能够有效表征平静情感特性，可以提升平静情感二分类任务精度，粗粒度多模态情感交互信息的学习方式，与图像分析领域中采用浅层网络计算图像一般性特征的学习方式十分相似。

与平静情感相比，愤怒、开心以及悲伤情绪是相对强烈的复杂情绪，意味着可能需要从空间阶数相对较大的多模态情感表征子空间内计算复杂多模态情感特性。值得注意的是，空间阶数相对较大的多模态情感表征子空间包含更为广泛丰富的情感粒度信息，意味着可以从较大的情感信息搜索空间内充分学习得到细粒度多模态情感交互信息。综上所述，采用空间阶数较高的多项式张量池化操作处理复杂多模态情感分析任务，可以从高阶情感表征子空间内充分学习得到细粒度复杂多模态情感交互信息，在一定程度上有效提升了多模态情感分析模型的学习能力。以上实验结果证明了计算高阶多线性多模态情感交互信息的必要性和有效性，以及多模态情感表征子空间对应的空间阶数需要根据对应的情感判别任务进行适当的调整和设定。

基于高阶多项式池化模块 PTP，本书进一步提出了混阶多项式池化模块 MOPTP，通过自适应激活多个多模态情感表征子空间内与情感分析任务更为相关的位置信息得到多个多模态情感表征子空间之间的潜在多模态情感状态变化信息。该信息最终可以整合得到更具有情感状态判别能力的多模态情感交互信息。因此，在这一部分将对包含不同空间阶数的多模态情感表征子空间进行实验分析。为了只观察多模态情感表征子空间个数对实验结果的影响，同时为了去除网络层数对实验结果所造成的影响，本节只针对网络架构"TMOPFN-L1"的情感表征子空间个数进行实验分析。对应的多模态情感表征子空间个数用"subspace"表示，subspace 为离散整数，subspace 的取值大小在 1～9 之间。网络架构"MOPTP，subspace＝2"表示架构中包含空间阶数为 1 以及空间阶数为 2 的多模态情感表征子空间。

如图 3.11 所示，可以发现随着多模态情感表征子空间个数的变化，网络架构"TMOPFN-L1"都能在情感状态分类任务中取得较佳的实验结果。和图 3.11 相比，混阶多项式池化模块 MOPTP 的实验结果要显著优于 PTP。以上对比结果证明了自适应激活多个多模态情感表征子空间内与情感分析任务最为相关的位置信息的有效性和必要性。对于 IEMOCAP 数据库的平静情感状态和高兴情感状态分类任务，可以发现多模态情感表征子空间个数 subspace 取值分别为 3 和 2 时，架构"TMOPFN-L1"可以取得最佳的情感状态分类结果。对于 IEMOCAP 数据库的其他情感（愤怒以及悲伤）状态分类任务，可以发现多模态情感表征子空间个数 subspace 取值为 7～8 时，架构"TMOPFN-L1"能够得到最佳的情感状态分类结果。值得注意的是，愤怒和悲伤这两种情感是相对比较负面的情感状态，包含了相对复杂的情感特性信息。为了有效应对以上复杂情感状态分类任务，需要从包含更为广泛丰富多模态情感粒度信息的情感表征空间内，学习得到更为丰富复杂的多模态情感交互信息。提高复杂情感状态分类任务精度的关键在于，能够学习得到多个不同阶数多模态情感表征子空间之间的潜在多模态情感状态变化信息。实际上，相对低阶的多模态情感表征子空间内包含了更多的粗粒度多模态情感特性信息，而相对高阶的多模态情感表征子空间内包含了更多细粒度多模态情感特性信息。

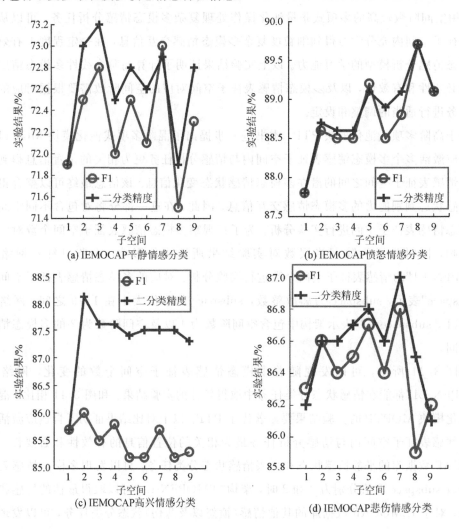

(a) IEMOCAP平静情感分类

(b) IEMOCAP愤怒情感分类

(c) IEMOCAP高兴情感分类

(d) IEMOCAP悲伤情感分类

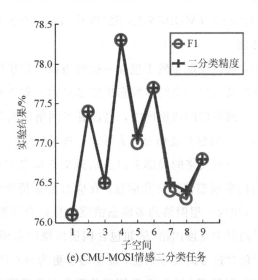

(e) CMU-MOSI情感二分类任务

图 3.11　IEMOCAP、CMU-MOSI 上关于多模态情感表征子空间个数的实验分析

对比 MOPTP 和 PTP 的实验结果，可以发现对于高兴情感分类任务，网络架构"MOPTP, subspace＝2"(图 3.11(c))的实验结果都显著超过了交互阶数为 1 和 2 的 PTP (图 3.10(c))。同时，可以发现阶数固定的 PTP 在交互阶数为 5 时取得最佳的实验分析结果，MOPTP 在多模态情感表征子空间为 2 时取得最佳实验结果。值得注意的是，高兴是一种相对正面简单的情感状态，包含了更为显式简单的情感特性，因此只需要学习得到较为显式的以及更具一般性质的情感特性信息即可。与 PTP 相比，混阶多项式池化模块 MOPTP 旨在学习得到交互阶数为 1 和 2 的多模态情感表征子空间之间的潜在情感状态变化信息。以上两个不同阶数的多模态情感表征子空间包含了不同范围的情感粒度信息以及不同层次的多模态情感特性信息。对以上两个不同阶数的多模态情感表征子空间进行进一步的整合操作，可以学习得到更为丰富复杂的多模态情感交互信息，在一定程度上可以提升多模态情感分析模型的学习性能。以上实验结果证明了在多模态情感分析领域，计算不同阶数的多模态情感表征子空间之间的潜在情感状态变化信息的必要性和有效性。

相较于分层多模态情感信息融合框架 HPFN，树状多模态情感信息融合框架 TMOPFN 在架构设计方面具有更多的选择性。因此，本部分将着重分析不同的架构设计对多模态情感分析任务的影响。为了去除时间维度对实验结果造成的影响，只观察不同的多模态情感分析架构对实验结果的影响，本节只针对包含非时序数据进行实验对比分析。采用七种多模态情感信息融合框架网络架构"HPFN-L1""HPFN-L2""HPFN-L3"

"HPFN-L4""TMOPFN-L3-S1""TMOPFN-L3-S2"以及"TMOPFN-L3-S3"来研究网络深度和多模态情感分析任务性能。

如表 3.8 和 3.9 所示，可以发现相较于包含一层网络以及四层网络的多模态情感信息融合框架，包含两层网络以及三层网络的多模态情感信息融合框架取得更佳的多模态情感分类精度。相较于包含较少网络层的浅层网络，包含更多网络层的深度多模态情感信息融合网络包含更为丰富的多模态情感粒度信息。实际上，基于分层式多模态架构设计以及采用循环迭代式学习方式，上一层网络的局部多模态情感交互信息被传送到下一层网络，可以学习得到更为复杂丰富的多模态情感交互信息。在应对复杂情感分析任务时，深度网络相较于浅层网络(特别是只包含一层网络的多模态情感信息融合框架)更具有优势。同时可以发现，包含过多网络层的复杂深度网络(例如包含四层网络的多模态情感信息融合框架)一般是密集型网络，由于包含过多的冗余信息，而忽略了更为核心的多模态情感交互信息。

表 3.8　CMU-MOSEI 以及 IEMOCAP 数据库关于非时序多模态数据的实验分析

模型	IEMOCAP 数据库				CMU-MOSEI 数据库				
	F1-Happy	F1-Sad	F1-Angry	F1-Neutral	MAE	Corr	Acc-2	F1	Acc-7
HPFN-L1(P=[2])	85.7	86.2	87.8	71.9	0.71	0.54	75.0	75.3	45.2
HPFN-L2 (P=[2, 2])	86.2	86.6	88.8	72.5	0.71	0.54	75.4	75.5	45.5
HPFN-L2-S1 (P=[2, 2])	86.2	86.7	88.9	72.6	0.71	0.54	75.1	75.3	45.3
HPFN-L2-S2 (P=[2, 2])	86.2	86.7	89.0	72.7	0.70	0.55	75.3	75.4	45.6
HPFN-L3 (P=[2, 2, 1])	86.1	86.8	88.3	72.7	0.71	0.55	75.5	75.3	45.5
HPFN-L4 (P=[2, 2, 2, 1])	85.8	86.4	88.1	72.5	0.71	0.55	75.3	75.1	45.3
TMOPFN-L3-S1	86.6	86.4	88.4	72.1	0.71	0.54	75.0	75.3	45.2
TMOPFN-L3-S2	85.8	86.2	88.8	72.7	0.71	0.54	75.0	75.2	45.1
TMOPFN-L3-S3	85.8	87.4	88.8	73.1	0.71	0.54	75.1	75.4	45.5

　　不同情感分析架构性能除了受网络深度的影响之外，还会受架构设计策略影响。例如，从表 3.8 中可以发现，树状网络架构"TMOPFN-L3-S3"在所有模型评价指标上都能取得不错的多模态情感分类结果。与 HPFN 相比，树状多模态情感信息融合框架通过在同一个网络层上施加多个多模态情感分析策略，可以计算得到多层次的复杂多模态情感交互信息。同时，可以发现与网络架构"TMOPFN-L3-S1"和"TMOPFN-L3-S2"相比，网络架构"TMOPFN-L3-S3"包含了分段式多模态情感分析策略。以上多模态情感分析策略使得每一个模态在多模态情感分析过程中都可以充当主要模态，即每一个模态都能够轮流指导多模态情感分析任务的具体实施过程。以上操作使模型能够充分整合每一个模态中包含的情感特性，进而得到综合全面的多模态情感交互信息。综上所述，基于树状结构的多模态情感信息融合框架能够为当前多模态情感分析领域提供更多的可能性。

　　分层多模态情感信息融合框架 HPFN 以及树状多模态情感信息融合框架 TMOPFN 都采用跳转操作将前面几层网络的情感特性信息直接传送到下游网络。该操作一方面能够丰富下游网络的数据表示，另一方面能够充分计算前几层网络模态数据与本层模态数据之间的深层次多模态情感交互信息。可以以较少的计算代价达到与密集型网络相近的多模态情感信息融合性能。因此，本部分将着重于分析跳转操作对多模态情感信息融合模型的影响。对应的测试架构为网络架构"HPFN-L2"变种模型以及"TMOPFN-L3"变种模型。

　　如表 3.9 所示，可以发现网络架构"TMOPFN-L3-S3"在所有模型评价指标上都取得最佳多模态情感分类结果。由于网络架构"TMOPFN-L3-S3"包含更多感知扫描窗口，每一个感知扫描窗口可以施加多个 MOPTP，同时每一个窗口包含多个多模态情感分析策略，因此可以学到多层次的复杂多模态情感交互信息。与网络架构"TMOPFN-L3-S3"相比，网络架构"HPFN-L2-S1"以及"HPFN-L2-S2"只是从前一层网络中直接吸收了某一个模态数据的贡献，并没有让每一个模态轮流指导多模态情感分析的具体操作过程。因此以上两种网络架构在多模态情感分析过程中存在一定的局限性，即可能只得到部分模态所包含的情感特性信息，而忽略了其他模态的贡献。同时可以发现网络架构"TMOPFN-L3-S1"只将文本模态作为多模态情感信息融合过程中的主要贡献模态，而忽略了视频模态以及语音模态的独特性和重要性，即忽略了视频模态和语音模态中包含的重要情感特性信息。实际上，当视频模态和语音模态都作为核心模态参与指导多模态情感分析任务时，可以计算得到多个模态之间的丰富复杂的多模态情感交互信息。综上所述，当在多模态情感分析框架中施加跳转操作，可以充分吸收前几层网络的贡献，一定程度上提升了多模态情感信息融合模型的学习能力。

表 3.9　CMU-MOSI 数据库关于非时序多模态数据的实验分析

模　　型	CMU-MOSI 数据库				
	MAE	Corr	Acc-2	F1	Acc-7
HPFN-L1(P=[2])	0.973	0.635	77.0	77.0	35.9
HPFN-L2 (P=[2，2])	0.958	0.652	77.1	77.1	36.3
HPFN-L2-S1 (P=[2，2])	0.959	0.654	77.3	77.2	36.5
HPFN-L2-S2 (P=[2，2])	0.957	0.656	77.3	77.3	36.5
HPFN-L3 (P=[2，2，1])	0.960	0.651	76.8	76.8	36.0
HPFN-L4 (P=[2，2，2，1])	0.992	0.634	76.6	76.5	34.6
TMOPFN-L3-S1	0.960	0.641	76.1	76.1	36.4
TMOPFN-L3-S2	0.968	0.648	76.0	76.0	35.4
TMOPFN-L3-S3	0.949	0.652	77.6	77.7	37.3

　　以上消融实验都是在非时序数据上实现的，缺乏对时间维度上的时序依赖性信息的深层次探讨分析。因此，本部分将着重分析时间维度对多模态情感信息融合模型的影响，所采用的测试网络架构为"TMOPFN-L2"。对于包含时间维度信息的网络架构"TMOPFN-L2"，施加一个大小为 4×2 的感知扫描窗口，其中时间维度上的步长为 4，模态维度上的步长为 2，时间维度上各个感知扫描窗口步长的重叠大小为 2。对于不包含时间维度信息的网络架构"TMOPFN-L2"，将多模态数据沿着时间维度进行平均池化操作。首先，将感知扫描窗口沿着时间维度进行滑动操作，接着将感知扫描窗口沿着模态维度进行对应的扫描操作。

　　值得注意的是，每一个感知扫描窗口都包含权重参数，对应的可以采取两种窗口权重策略，一个是感知扫描窗口权重共享策略，另一个是感知扫描窗口权重不共享策略。如图 3.12 所示，可以发现与感知扫描窗口权重共享策略相比，感知扫描窗口权重不共享策略在所有模型评价指标上都取得了更佳的多模态情感分类结果。实际上，感知扫描窗口权重共享策略使得每一个感知扫描窗口都共享同一个权重参数，所有感知扫描窗口内的多模态数据都被强制赋予了同样的情感分析参数，进而无法得到各个窗口内的动态多模态情感交互信息。以上参数共享策略完全忽略了多个模态在时间维度上的动态变化信息（时序依赖性信息），无法计算得到更为丰富的多模态情感交互信息，在一定程度上限制了模型的学习能力。对于感知扫描窗口权重不共享策略，可以发现随着感知扫描窗口尺寸的增大，对应的多模态情感分类任务的精确度也随之提升。实际上,尺寸较大的感知扫描窗口包含多个模态在时间维度上的更为丰富的情感一致性信息。综上所述,采用感知扫描窗口权重不共享策略能够进一步学习得到多个模态之间的潜在时序依赖性信息以及丰富的情感一致性信息,在一定程度上能够提升多模态情感信息融合模型的性能。

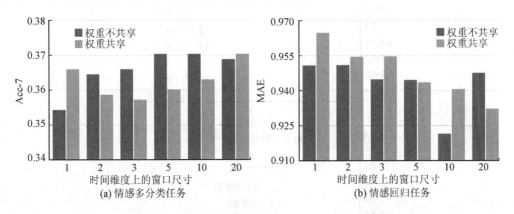

图 3.12　CMU-MOSI 数据库基于时序多模态数据的情感分类结果

　　在所提出的树状以及分层多模态情感信息融合框架内,包含的核心操作模块分别为 MOPTP 和 PTP 模块。因此,本部分将着重于分析 PTP 以及 MOPTP 模块分别对分层多模态情感信息融合框架以及树状多模态情感信息融合框架的影响。多模态情感表征子空间的个数一般在 2~5 之间,这部分实验只展示具有最佳多模态情感状态分类精度的实验结果。本部分将在同一个多模态情感信息融合架构上,同时对比分析 PTP 以及 MOPTP 的实验精度。为了只观察不同多模态情感信息融合架构与核心多模态融合操作之间的关系,本节只针对非时序输入数据进行实验分析。对应的多模态情感信息融合架构包含"HPFN-L1""HPFN-L2""HPFN-L2-S1""HPFN-L2-S2""HPFN-L3""HPFN-L4""TMOPFN-L3-S1""TMOPFN-L3-S2"以及"TMOPFN-L3-S3"。

　　如图 3.13 和图 3.14 所示,在所有分层多模态情感信息融合框架以及树状多模态情感信息融合框架上,MOPTP 的实验精度都显著超过了 PTP。值得注意的是,混阶多项式池化模块 MOPTP 通过自适应激活多个多模态情感表征子空间内与情感分析任务更为紧密相关的位置信息,可以学习得到更具情感状态判别能力的多模态情感交互信息。以上实验结果证明了在应对多模态情感分析任务时,MOPTP 的有效性以及必要性。

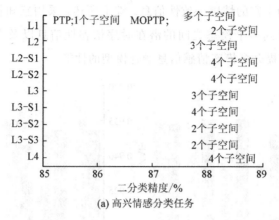

(a) 高兴情感分类任务

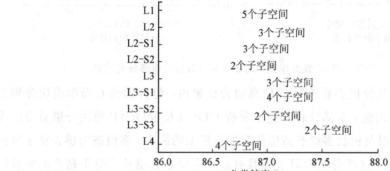

(b) 悲伤情感分类任务

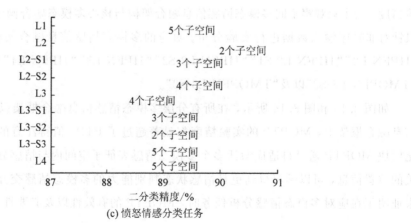

(c) 愤怒情感分类任务

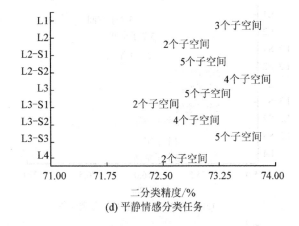

(d) 平静情感分类任务

图 3.13 IEMOCAP 数据库基于"PTP"和"MOPTP"的情感分类结果

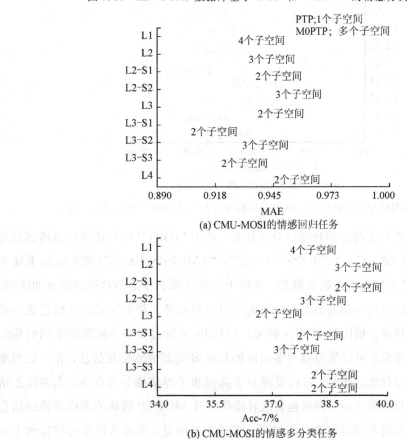

(a) CMU-MOSI的情感回归任务

(b) CMU-MOSI的情感多分类任务

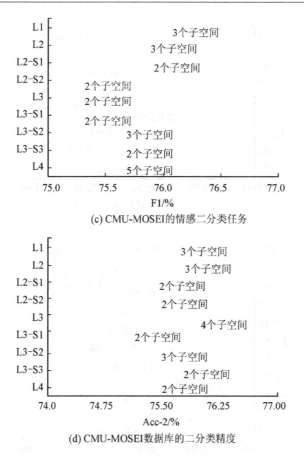

(c) CMU-MOSEI的情感二分类任务

(d) CMU-MOSEI数据库的二分类精度

图 3.14　CMU-MOSI 和 CMU-MOSEI 数据库"PTP"和"MOPTP"的对比分析

可以发现对于高兴与平静这两种情感分类任务，基于 MOPTP 的树状多模态情感信息融合框架（"TMOPFN-L3-S1"，"TMOPFN-L3-S2"，"TMOPFN-L3-S3"）的实验结果优于基于 PTP 的树状多模态情感信息融合框架。实际上，高兴和平静是相对正面简单的情感，包含了更多较为显式简单的情感特性信息，因此学习得到的显式简单情感特征信息更有利于以上两种情感分类任务。相比于 HPFN 框架，TMOPFN 通过在一个网络层上同时施加多个多模态情感分析策略，可以学习得到多层次的复杂多模态情感交互信息，在一定程度上可以提升模型的学习性能。同时，可以发现对于高兴和平静情感分类任务，当多模态情感表征子空间的个数相对较多时，同时包含跳转操作以及 MOPTP 模块的多模态情感信息融合框架都能够取得不错的情感状态分类结果。需要注意的是，由跳转操作可以得到上游网络层模态以及本层网络模态之间的潜在多模态情感交互信息。当多模态情感表征子空间的个数相对较多时,意味着可以在包含丰富情感粒度信息的多模态情感表征空间内充分学习得到当前网络层以及上游网络层之间重要的多模态情感交互信息。

对于 CMU-MOSI 多模态数据库,可以发现基于 MOPTP 的树状多模态情感信息融合框架的实验结果优于基于 PTP 的树状多模态情感信息融合框架。以上实验结果证明了 MOPTP 模块在应对多模态情感分析任务时的有效性以及优越性。与阶数固定的 PTP 模块(只包含了一个多模态情感表征子空间)相比,MOPTP 模块(包含了多个不同阶数的多模态情感表征子空间)可以从多个多模态情感表征子空间内学习得到潜在且重要的多模态情感交互信息。由每一个阶数固定的多模态情感表征子空间可以学习得到特定情感粒度的多模态情感交互信息。例如,空间阶数较小的多模态情感表征子空间包含了较为粗粒度的多模态情感特性信息,可以表征多个模态之间较为简单的多模态情感交互信息。因此,基于 PTP 的树状多模态情感信息融合框架无法充分学习得到多个多模态情感表征子空间之间潜在的多模态情感状态变化信息。相比于 PTP 模块,MOPTP 模块通过激活多个多模态情感表征子空间内更具情感状态判别能力的位置信息,得到潜在的多模态情感状态变化信息,在一定程度上提升了模型的学习性能。此外,对于三种公开多模态数据库尤其是对于 CMU-MOSEI 这类大型数据库,发现只包含一层网络的多模态情感信息融合框架也可以取得较佳的情感状态分类结果,证明了 MOPTP 模块的有效性以及优越性。

综上所述,树状多模态情感信息融合框架采用 MOPTP 模块作为核心处理模块,可以计算得到多层次的复杂多模态情感交互信息,该信息能够在积极情感状态分类任务中取得较佳的情感状态分类精度。实际上,在每一个多模态数据区域内可以施加多个感知扫描窗口,计算得到多个多模态情感信息融合网络层,在每一个网络层上可以施加多个多模态情感分析策略以及 MOPTP 模块。每一个 MOPTP 模块可以从多个多模态情感表征子空间内学习得到更具情感状态判别能力的多模态情感状态变化信息。同时,不同多模态情感分析策略可以从不同多模态情感分析角度得到更为综合全面的多模态情感交互信息。

本章提出的 MOPTP 模块可以通过自适应的学习方式从多个多模态情感表征子空间内激活得到更具情感状态判别能力的多模态情感交互信息。为了减少计算复杂度,可以采用现有的线性函数作为自适应激活方法。因此,本部分将着重分析不同的线性激活函数(实值函数以及分段式函数)对多模态情感信息融合模型的影响。对应的测试网络架构为 "HPFN-L2" "HPFN-L3" "HPFN-L4" "HPFN-L2-S1" "HPFN-L2-S2" "TMOPFN-L3-S1" "TMOPFN-L3-S2"以及"TMOPFN-L3-S3"。

如图 3.15 所示,可以发现对于高兴情感分类任务,实值线性激活函数的实验结果优于分段式线性激活函数。实际上，高兴情绪是一种相对正面简单的情感状态，包含了更多较为显式简单的多模态情感特性信息。因此，实值线性激活函数得到的简单多模态情感交互信息，足以用来表征较为正面的情感状态。实际上，实值线性激活函数通过一种适当的方式充分整合多个多模态情感表征子空间的情感特性信息，可以尽可能保留每一个多模态情感表征子空间内的情感特性信息。实值线性激活函数能够同时挖掘得到粗粒度多模态情感特性信息（从低阶多模态情感表征子空间内学习得到）以及细粒度多模态情感特性信息（从高阶多模态情感表征子空间内学习得到），最终整合得到更为丰富复杂的多模态情感交互信息。

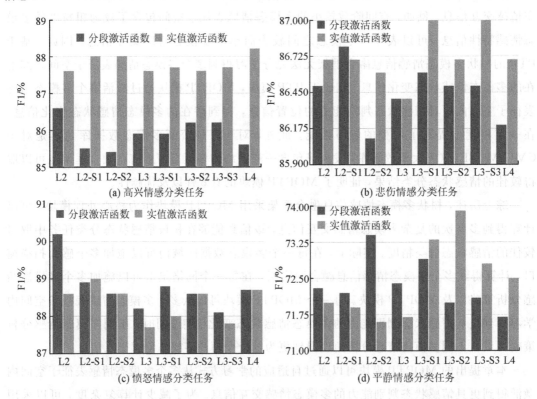

图 3.15　IEMOCAP 数据库实值线性激活函数以及分段式线性激活函数的对比分析

相比于实值线性激活函数，分段式线性激活函数可以从每一个多模态情感表征子空间内得到与情感分析任务最为相关的信息，可能会破坏每一个多模态情感表征子空间内情感特性信息的完整性。因此，采用分段式线性激活函数分析高兴情绪，得到的多模态情感交互信息可能只包含多模态情感细粒度信息，而忽略了多模态情感粗粒度信息。同时，在进行愤怒情绪的分类任务时，可以发现分段式线性激活函数的实验性能显著优于实值线性激活函数。实际上，愤怒这种情绪是一种外在表现较为强烈的复杂情感，包含了更多较为复杂的情感特性信息。因此。分段式线性激活函数能够以一种显式的方式从各个多模态情感表征子空间内计算得到更具情感状态表征能力的多模态情感特性信息。如图 3.16 所示，CMU-MOSI 多模态情感数据库下实值线性激活函数的实验结果显著优于分段式线性激活函数。综上所述，采用具有不同函数性质的线性激活函数能够以一种简单有效的方式学习得到潜在且重要的多模态情感状态变化信息，在一定程度上可以提升模型的学习性能。

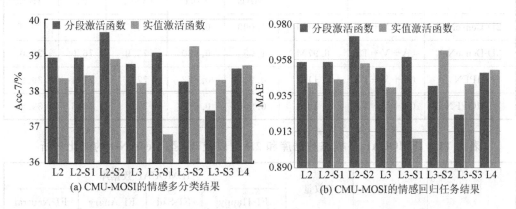

图 3.16　CMU-MOSI 数据库实值线性激活函数以及分段式线性激活函数的对比分析

　　本章所提出的多模态情感信息融合模型和 ConvAC 网络架构以及 CNN 模型都存在一定的相似性部分。因此，为了验证多模态情感信息融合模型的有效性和优越性，本部分将着重分析 2D 和 3D 密集型 CNN 架构在同一个多模态情感数据上的多模态情感分析性能。如表 3.10 和表 3.11 所示，在同样的多模态情感分析任务上，可以发现多模态情感信息融合框架的实验结果显著优于 2D 和 3D 密集型 CNN 网络架构，以上实验结果证明了多模态情感信息融合框架的有效性以及优越性。特别的，可以发现在模型性能衡量指标"Acc-7"上，树状多模态情感信息融合框架的实验结果超过了 3D 密集型 CNN 网络架构约 10.4%。需要注意的是，2D 和 3D 密集型 CNN 网络架构只在单个阶数固定的多模态情感表征子空间内进行多模态情感分析任务，而树状多模态情感信息融合框架能够从多个情感表征子空间内学习得到更具情感状态判别能力的多模态情感交互信息。

　　相对低阶的多模态情感表征子空间内包含了更多粗粒度多模态情感特性信息，该信息能够有效应对较为正面以及外在表现较为显式的多模态情感状态分类任务。因此，由只包含单个多模态情感表征子空间的 2D 和 3D 密集型 CNN 网络架构无法充分得到更为复杂丰富的多模态情感交互信息。而 MOPTP 能够从多个多模态情感表征子空间内得到更具情感状态判别能力的多模态情感交互信息，在一定程度上提升了模型的学习性能。此外，发现相比于树状多模态情感信息融合框架，2D 和 3D 密集型 CNN 网络架构包含了更多的模型参数，不有利于应对复杂多模态情感分析任务。

表 3.10 CMU-MOSI 数据库和 2D 型以及 3D 型 DenseNet 的对比分析

模型	输入	参数量	CMU-MOSI 数据库				
			MAE	Corr	Acc-2	F1	Acc-7
2D-DenseNet	(A+V+T)	6.97M	1.090	0.573	74.9	74.9	26.8
3D-DenseNet	(A+V+T)	6.97M	1.054	0.630	75.9	76.0	29.0
HPFN	(A+V+T)	0.11M	0.945	0.672	77.5	77.4	36.9
TMOPFN	(A+V+T)	0.12M	0.908	0.678	79.6	79.6	39.4

表 3.11 IEMOCAP 多模态数据库和 2D 型以及 3D 型 DenseNet 的对比分析

模型	输入	参数量	IEMOCAP 数据库			
			F1-Happy	F1-Sad	F1-Angry	F1-Neutral
2D-DenseNet	(A+V+T)	6.97M	84.6	85.6	87.5	70.3
3D-DenseNet	(A+V+T)	6.97M	82.5	84.4	88.3	67.7
HPFN	(A+V+T)	0.11M	86.2	86.6	88.8	72.5
TMOPFN	(A+V+T)	0.12M	88.2	87.4	90.2	73.9

3.4 本章小结

针对现有多模态情感信息融合网络池化层面的模态个数和交互阶数受限问题，本章提出了一个高阶多项式张量池化模块 PTP，由该模块能够学习得到任意多个模态的任意阶数的高阶多线性多模态情感交互信息，在一定程度上可以提升多模态情感分析模型的学习性能。基于 PTP，进一步构建得到一个分层多模态情感信息融合框架 HPFN，通过循环迭代的方式将局部多模态情感交互信息传递到下一个网络层可以得到全局多模态情感交互信息。接着，本章提出了一个混阶多项式张量池化模块 MOPTP，通过自适应学习方式激活多个多模态情感表征子空间内与情感分析任务最为相关的位置信息可以得到潜在且更具情感状态判别能力的多模态情感状态变化信息。基于 MOPTP，进一步构建得到一个树状多模态情感信息融合模型 TMOPFN，通过在同一个网络层上施加多个多模态情感分析策略，可以得到多层次的复杂多模态情感交互信息。

第4章　基于多路注意力网络的多模态情感信息融合网络

　　由现有基于二路跨模态单向注意力机制的 Transformer 网络只能学习得到单个源模态到单个目标模态的单向跨模态情感交互信息，无法充分学习得到多个模态之间的复杂多模态情感交互信息。针对多模态情感信息融合网路局部交互层面的模态个数和模态交互方向受限问题，本章提出了多路多模态注意力网络 MMT(Multiway Multimodal Transformer)，该网络能够在单个多模态交互模块中学习得到任意多个模态的任意交互方向的多路多模态情感交互信息。值得注意的是，与 MMT 相比，二路跨模态单向注意力网络需要堆叠多个跨模态交互模块才能完成多模态情感分析任务。基于 MMT，本章进一步构建得到一个分层多模态情感信息融合框架，并采用循环迭代的方式将低层次多模态情感交互信息传送到下一层网络，学习得到高层次的复杂多模态情感交互信息。最后在多个公开多模态情感分析数据库上进行实验分析，结果证明了 MMT 以及多层多模态情感信息融合框架的优越性和有效性。

4.1　引　　言

　　随着多媒体技术的高速发展，多模态学习理论以及多模态信息融合框架也随之蓬勃发展[133]。如何构建得到一个高效的多模态信息融合框架提升任务分析性能，是目前多模态学习领域的研究热点和重要挑战。例如情感分析任务中通常包含多个模态数据，为此需要构建一个计算多个模态之间的情感一致性信息以及情感互补性信息[52]的多模态情感信息融合框架。实际上，由单模态情感分析模型容易得到较为模糊的情感分析结果，因此研究者逐渐从单模态情感分析研究转向了多模态情感分析研究。例如，文本模态"蛋蛋这个小猫咪真的很淘气！"所对应的情感状态既可以是消极情绪也可以是积极情绪。如果被试面带微笑，以上文本模态对应于积极情绪；如果被试皱着眉头，以上文本模态对应于消极情绪。以上例子表明，结合多个模态数据可以计算得到更为准确的情感分析结果[33]。

近年来，由于自注意力机制能够学习得到长时序数据内的时序依赖性信息，基于自注意力机制的 Transformer 网络被广泛应用于多模态情感分析任务中，以此来得到多个模态数据之间的情感上下文相关信息[128]。注意力机制的本质在于将查询信息和键值对信息映射到统一的表征空间中，查询信息对应于源模态，键信息与值信息对应于目标模态。基于查询信息以及键信息可以计算得到源模态和目标模态在同一个表征空间内的相似度信息，查询信息和键信息的空间维度必须一致，相似度计算方法包含点积操作、拼接操作以及感知机函数等。接着，将计算得到的查询信息以及键信息之间的相似度信息与目标模态相乘。以上操作可以强化目标模态中与源模态最为相关的关键信息部分，同时弱化目标模态中与源模态较为不相关的信息部分，即去除目标模态中相对冗余的信息部分。

以上注意力机制中的源模态和目标模态若对应于同一个模态，则以上注意力机制对应于自注意力机制。源模态以及目标模态若对应于不同模态，则以上注意力机制对应于跨模态注意力机制。例如，多模态情感信息融合模型 MISA[176] 和 MAG[177] 采用基于自注意力机制的 Transformer 网络提取文本模态的情感上下文相关信息，计算得到文本模态对应的初级特征信息。然而以上基于自注意力机制的多模态情感信息融合模型只能计算得到同一个模态内部的情感特性信息，无法计算得到多个模态之间的多模态情感交互信息。由以上操作无法充分学习得到多个模态之间的深层次多模态情感交互信息，意味着无法有效应对复杂多模态情感分析任务。基于自注意力机制，研究者进一步提出了基于二路跨模态注意力机制的多模态情感信息融合模型 MulT[102]。对于二路跨模态注意力机制，采用源模态构建得到查询信息，同时采用目标模态构建得到键信息以及值信息。以上操作通过计算源模态以及目标模态之间的跨模态相似性信息，学习得到目标模态中与源模态相似的信息。以上二路跨模态注意力机制是采用一种显式的学习方式，从二路跨模态情感表征空间中学习得到跨模态情感交互信息。

然而以上二路跨模态注意力机制只能学习得到单个源模态到单个目标模态的单向跨模态情感交互信息，无法充分学习得到多个模态之间的复杂多模态情感交互信息。可以发现以上基于二路跨模态注意力机制的多模态情感信息融合框架受模态个数的限制，即注意力处理模块只能同时处理两个模态数据。同时以上框架也受到模态交互方向的限制，即交互方向只能是从源模态到目标模态。综上所述，由于模态个数和模态交互方向受限，以上框架无法充分计算得到多个模态之间丰富复杂的多路多模态情感交互信息，一定程度上限制了模型的性能。由于以上多模态情感信息融合网络只能学习得到两个模态之间的局部跨模态情感交互信息，无法计算得到多个模态之间的复杂且重要的全局多模态情感交互信息，一定程度上造成了多模态情感特性信息的损失。

由以上二路跨模态注意力机制模块只能学习得到两个模态之间的跨模态情感交互信息，多模态融合框架通过构建多个二路跨模态注意力机制模块才能完成多模态情感分析任务。基于二路跨模态注意力机制的多模态情感信息框架必须按顺序将多个二路跨模态注意力机制模块组织成对应的分层融合网络，才能计算得到多模态情感交互信息。针对包含文本模态、视频模态以及语音模态的情感分析任务，首先为文本模态和视频模态构建一个二路跨模态注意力机制模块，计算得到文本模态和视频模态的跨模态情感交互信息。接着，为以上跨模态情感交互信息和语音模态构建一个二路跨模态注意力机制模块，计算得到多模态情感交互信息。以上多模态情感信息融合架构包含了"一对一"的模态交互方式"模态 i →模态 j"，需要构建对应的多个二路跨模态注意力机制模块，一定程度上导致计算复杂度以及参数存储量急剧增加，无法有效应对复杂多模态情感分析任务。

为了解决以上二路跨模态注意力机制存在的问题，本章提出了多路多模态注意力网络MMT，可以学习得到任意多个模态之间的任意交互方向的多路多模态情感交互信息。以上网络采用 M 个模态数据可以构建得到对应的一个 M 维多路多模态注意力张量。上述构建得到的 M 维多路多模态注意力张量包含了"多对多"的多模态情感交互信息"$\{模态\ i\}_{i=1}^{M}$ → $\{模态\ j\}_{j=1}^{M}$"。模态交互信息"模态 i →模态 i"对应于模态 i 内部情感交互信息，模态交互信息"模态 i →模态 j"对应于模态 i 与模态 j 的跨模态情感交互信息。以上多路多模态注意力机制可以同时学习得到多模态数据的模态内部以及模态间的情感交互信息，进一步整合得到多个模态数据之间复杂丰富的多模态情感交互信息。

本章采用低秩张量网络对多路多模态注意力张量进行低秩近似表示，计算得到一个 M 阶低秩多路多模态注意力张量，其中包含了 M 个稀疏互联的三阶低秩核张量，M 为模态个数。每一个低秩核张量由特定模态构建得到，包含了特定模态内部的情感特性信息。通过对每一个模态核张量施加张量网络缩并操作，将其他模态核张量合并到当前模态核张量中，计算得到以当前模态为核心的高阶多路多模态情感表征空间。基于以上并行张量网络缩并操作，可以在单个注意力机制模块中同时计算得到多个高阶多路多模态情感表征空间。与 MMT 相比，二路跨模态注意力机制只能通过堆叠多个注意力模块学习得到一个多模态情感表征空间，无法学习得到丰富复杂的多模态情感交互信息，同时导致计算复杂度以及参数存储量急剧增加。

由于采用一组稀疏互联的小型低秩核张量近似表示多路多模态注意力张量，因此只需要存储低秩小型权重核张量而非原始大型权重张量。构建得到的多模态情感信息融合模型对应于一种轻量级分析模型，有利于应对复杂多模态情感分析任务。同时，现有二路跨模态注意力机制在一个注意力模块内只能处理两个模态数据，而 MMT 在一个注意力模块内可以同时处理任意多个模态数据。更为重要的是，随着模态个数的增加，MMT 的参数数量呈线性增长趋势而非指数级增长趋势，可以有效应对现有基于注意力机制的多模态情感信息融合模型的模态个数和交互方向受限问题。基于多路多模态注意力机制模块，本章进一步提出了分层多模态情感信息融合框架，采用循环迭代的方式将较低层次多模态情感交互信息传递到较高层次网络，学习得到更为复杂丰富的多路多模态情感交互信息。

4.2　基于多路注意力网络的多模态融合网络构建

基于低秩张量网络以及现有注意力机制（自注意力机制和二路跨模态注意力机制），本章提出了基于多路多模态注意力机制的多模态情感信息融合框架。在介绍多路多模态注意力机制之前，本章将简单介绍低秩张量网络、张量网络操作以及现有注意力机制。

4.2.1　张量网络介绍

张量是矩阵的高维扩展版本[144]，每一个维度对应于不同空间信息（例如时间维度和频域维度等），张量维度的个数对应于张量阶数。例如，N-阶张量 $\boldsymbol{S} \in \mathbb{R}^{I_1 \times \cdots \times I_N}$ 具有 N 个维度，$\boldsymbol{S}$ 的元素表示为 $s_{i_1, i_2, \cdots, i_N} = \boldsymbol{S}(i_1, i_2, \cdots, i_N) \in \mathbb{R}$，其中 $i_N \in \{1, 2, \cdots, I_N\}$。由于原始 N-阶张量 $\boldsymbol{S}$ 所包含的元素数量随着维度的增加呈现指数级增长的趋势，无法直接应用于复杂多模态学习任务。为了应对复杂多模态分析任务，研究者提出了多种低秩张量网络低秩近似表示原始大型张量数据，一定程度上减少了多模态分析模型的计算复杂度以及参数量。

现有低秩张量网络包含 CP 张量网络[145]、Tucker 张量网络[147]、张量链网络 TTN(Tensor Train Network)[148] 以及张量环网络 TRN(Tensor Ring Network)[149] 等。与 CP 和 Tucker 张量网络相比，张量链网络和张量环网络只需要存储多个低秩核张量，因此更有利于处理复杂多模态分析任务。值得注意的是张量链网络 TTN 的首尾核张量为二阶矩阵形式，则基于 TTN 构建得到的多模态张量对核张量组织顺序存在一定敏感性，即对首尾核张量的构建存在一定敏感性。不同于 TTN，张量环网络 TRN 中的所有核张量都是三阶张量形式，即首尾核张量都为三阶张量形式，因此基于 TRN 构建得到的多模态张量对核张量组织顺序并不存在敏感性，更有利于多模态情感分析任务，原始三阶张量 $\boldsymbol{Q}$ 以及 $\boldsymbol{Q}$ 的张量环网络等价近似表示如图 4.1 所示。

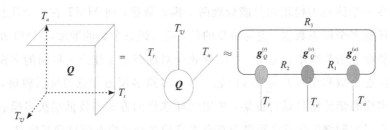

图 4.1　原始三阶张量 Q 以及 Q 的张量环网络等价近似表示

本章选择采用 TRN 近似表示原始大型多模态张量 S，计算得到一组稀疏互联三阶核张量 $\{g^{(1)},g^{(2)},\cdots,g^{(N)}\}$。本章采用以下两个张量网络操作计算多模态情感特性信息：① 哈达码积（hadamard product），用符号 $\circledast$ 表示；② 模–1 KR 积（mode-1 Khatri-Rao product），用符号 $\odot_1$ 表示。给定张量 $A \in \mathbb{R}^{I_1 \times I_2 \times I_3}$ 以及张量 $B \in \mathbb{R}^{I_1 \times I_2 \times I_3}$，采用哈达码积操作计算得到一个 3 阶张量 $C = A \circledast B \in \mathbb{R}^{I_1 \times I_2 \times I_3}$，张量 C 的元素表示为 $C(i_1, i_2, i_3) = A(i_1, i_2, i_3)B(i_1, i_2, i_3)$。给定矩阵 $A \in \mathbb{R}^{N \times P_1}$ 和矩阵 $B \in \mathbb{R}^{N \times P_2}$，采用模–1 KR 积操作计算得到一个 2 阶矩阵 $C = A \odot_1 B \in \mathbb{R}^{N \times P_1 P_2}$。

对于包含文本模态、视频模态和语音模态的多模态情感分析任务，文本模态对应的单词级别的初级特征表示为 $X_t \in \mathbb{R}^{T_t \times d_t}$，视频模态对应的初级特征表示为 $X_v \in \mathbb{R}^{T_v \times d_v}$，语音模态对应的初级特征表示为 $X_a \in \mathbb{R}^{T_a \times d_a}$。$T_t$、$T_v$ 和 T_a 分别表示文本模态、视频模态和语音模态的时间维度大小。d_t、d_v 和 d_a 分别表示文本模态、视频模态和语音模态的特征向量长度。为了让视频模态、语音模态和文本模态的时间维度保持一致（即 $T_t = T_v = T_a$），研究者分别将视频模态和语音模态中每一个单词长度对应的特征数据进行平均池化操作，将计算得到的平均向量作为当前时间刻度下的特征向量信息。

4.2.2　自注意力机制和跨模态注意力机制介绍

Transformer 网络的核心机制为自注意力机制，该机制能够从长时序数据内计算得到上下文相关性信息，被广泛应用于长时序数据分析任务中。基于输入数据可以构建得到对应的查询矩阵、键矩阵以及值矩阵。接着，基于以上三个矩阵之间的交互操作，计算得到输入数据的上下文相关性信息。基于自注意力机制的文本模态情感上下文相关性学习的具体实现过程如式（4.1）所示：

$$\text{Attention}(Q_a, K_a, V_a) = \text{softmax}\left(\frac{Q_a K_a^{\mathrm{T}}}{\sqrt{d_k}}\right) V_a$$

$$= \text{softmax}\left(\frac{X_a W_{Q_a} W_{K_a}^{\mathrm{T}} X_a^{\mathrm{T}}}{\sqrt{d_k}}\right) X_a W_{V_a} \tag{4.1}$$

其中，$W_{Q_a} \in \mathbb{R}^{d_a \times d_k}$ 是 $Q_a \in \mathbb{R}^{T_a \times d_k}$ 的线性变换矩阵，$W_{K_a} \in \mathbb{R}^{d_a \times d_k}$ 是 $K_a \in \mathbb{R}^{T_a \times d_k}$ 的线性变换矩阵，$W_{V_a} \in \mathbb{R}^{d_a \times d_v}$ 是 $V_a \in \mathbb{R}^{T_a \times d_v}$ 的线性变换矩阵。自注意力机制中的 Q、K 以及 V 是同一个数据在不同高维抽象空间中的抽象表示，因此需要采用对应的线性变换矩阵将数据映射到不同高维抽象空间中。$\sqrt{d_k}$ 为缩放因子，可以对 $(X_a W_{Q_a} W_{K_a}^{\mathrm{T}} X_a^{\mathrm{T}})$ 中的元素进行归一化操作。当 $(X_a W_{Q_a} W_{K_a}^{\mathrm{T}} X_a^{\mathrm{T}})$ 中每一个元素除以 $\sqrt{d_k}$ 时，$(X_a W_{Q_a} W_{K_a}^{\mathrm{T}} X_a^{\mathrm{T}})$ 的方差等于 1，$(X_a W_{Q_a} W_{K_a}^{\mathrm{T}} X_a^{\mathrm{T}})$ 的分布变化程度将不受向量长度 d_k 的影响，对应的模型训练过程将趋于稳定。$Q_a K_a^{\mathrm{T}}$ 可以计算得到语音模态中每一个元素与序列中其他元素的相似度值（注意力得分）。接着，通过 softmax 函数对以上相似度值进行归一化操作（相似度值的取值范围为 0 到 1），根据权重系数强化与情感分析任务最为相关的重要元素信息。根据计算得到的权重系数对值矩阵中的元素进行加权求和操作，计算得到语音模态内部的情感上下文相关性信息 $\text{Attention}(Q_a, K_a, V_a) \in \mathbb{R}^{T_a \times d_v}$。

基于自注意力机制，MulT 多模态情感信息融合模型进一步提出了二路跨模态注意力机制，如图 4.2 所示。相比于自注意力机制只能处理单模态数据，二路跨模态注意力机制能够同时处理两个模态信息。基于两个模态信息构建得到对应的二路跨模态情感表征空间，在二路跨模态情感表征空间内计算得到单向跨模态情感交互信息。例如，文本模态和语音模态的单向情感交互过程（文本模态→语音模态）可以表示如式（4.2）所示：

$$\text{Attention}(Q_a, K_t, V_t) = \text{softmax}\left(\frac{Q_a K_t^{\mathrm{T}}}{\sqrt{d_k}}\right) V_t$$

$$= \text{softmax}\left(\frac{X_a W_{Q_a} W_{K_t}^{\mathrm{T}} X_t^{\mathrm{T}}}{\sqrt{d_k}}\right) X_t W_{V_t} \tag{4.2}$$

其中，$W_{Q_a} \in \mathbb{R}^{d_a \times d_k}$ 是 $Q_a \in \mathbb{R}^{T_a \times d_k}$ 的线性变换矩阵，$W_{K_t} \in \mathbb{R}^{d_t \times d_k}$ 是 $K_t \in \mathbb{R}^{T_t \times d_k}$ 的线性变换矩阵，$W_{V_t} \in \mathbb{R}^{d_t \times d_v}$ 是 $V_t \in \mathbb{R}^{T_t \times d_v}$ 的线性变换矩阵。$Q_a K_t^{\mathrm{T}}$ 对应于包含语音模态和文本模态的二路跨模态情感表征空间。模型在以上二路跨模态情感表征空间内可以计算得到语音模态中每一个元素与文本模态中每一个元素的相似度值。接着，将跨模态相似度信息与文本模态进行乘法操作，即对文本模态中的数据进行加权求和操作，计算得到跨模态情感上

下文相关性信息 $\mathrm{Attention}(Q_a, K_t, V_t) \in \mathbb{R}^{T_a \times d_v}$。

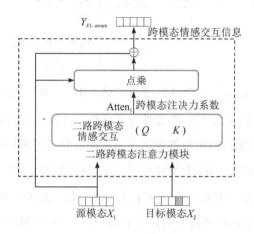

图 4.2　现有二路跨模态注意力机制示意图

采用基于二路跨模态注意力机制处理 M 个模态信息，可能会导致计算复杂度以及存储容量急剧增加的问题。实际上，由以上二路跨模态注意力机制模块只能学习得到从文本模态到语音模态的单向跨模态情感上下文相关性信息。为了充分计算文本和语音的跨模态情感交互信息{文本→语音，语音→文本}以及模态内部情感特性信息{文本→文本，语音→语音}，需要构建两个二路跨模态注意力机制模块{$\mathrm{Attention}(Q_a, K_t, V_t)$，$\mathrm{Attention}(Q_t, K_a, V_a)$}和两个自注意力机制模块{$\mathrm{Attention}(Q_a, K_a, V_a)$，$\mathrm{Attention}(Q_t, K_t, V_t)$}。为了同时处理 M 个模态，则需要构建$(M \times (M-1) \times (M-2) \times \cdots \times 1 + M)$个二路跨模态注意力机制模块。综上所述，由于模态个数以及模态交互方向受限，以上二路跨模态注意力机制模块无法有效应对复杂多模态情感信息融合任务。

4.2.3　多路多模态 Transformer 网络

本章提出了一种基于张量网络的多路多模态注意力机制模块 MMT，在单个分析模块中可以同时计算得到以每一个模态为核心的多路多模态情感交互信息。基于以上多路多模态情感交互信息，可以进一步整合得到较为丰富复杂的多模态情感交互信息，在一定程度上可以提升模型的学习性能。如图 4.3 所示，本章提出的 MMT 可以同时接收多个模态数据(例如语音模态 X_a、视频模态 X_v 和文本模态 X_t)。接着通过一种并行计算方式同时处理多个模态数据{X_a, X_v, X_t}，计算得到多个多路多模态情感交互信息{$Y_{\mathrm{audio\text{-}aware}}$, $Y_{\mathrm{video\text{-}aware}}$, $Y_{\mathrm{text\text{-}aware}}$}，$Y_{\mathrm{audio\text{-}aware}}$ 指的是以语音模态(audio)为核心的多路多模态情感交互信息。

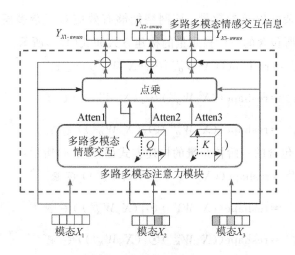

图 4.3　多路多模态注意力机制 MMT 示意图

如图 4.4 所示，对于多个模态数据 $\{X_a, X_v, X_t\}$，可以采用张量环网络构建得到一个三阶多路多模态查询张量 $Q = [\![G_Q^{(a)}, G_Q^{(v)}, G_Q^{(t)} \in \mathbb{R}^{T_a \times T_v \times T_t}]\!]$、一个三阶键张量 $K = [\![G_K^{(a)}, G_K^{(v)}, G_K^{(t)}]\!] \in \mathbb{R}^{T_a \times T_v \times T_t}$ 以及三阶值张量 $V = [\![G_V^{(a)}, G_V^{(v)}, G_V^{(t)}]\!] \in \mathbb{R}^{T_a \times T_v \times T_t}$。由于张量环网络是由一组稀疏互联的三阶核张量构成的，因此多路多模态注意力机制可以以一种高效的并行处理方式计算注意力系数。例如可以基于查询张量 Q 中的每一个三阶核张量（$G_Q^{(i)} \in \mathbb{R}^{T_i \times R_w \times R_s}$）以及键张量 K 中的每一个三阶核张量（$G_K^{(i)} \in \mathbb{R}^{T_i \times R_w \times R_s}$）计算注意力系数，而不需要基于原始大型张量 Q 和 K 计算注意力系数。下标 $w \in \{1, 2, 3\}$ 和 $s \in \{1, 2, 3\}$（$w \neq s$）用来指代对应的张量秩。以上基于张量环网络的多模态情感信息融合网络在一定程度上可

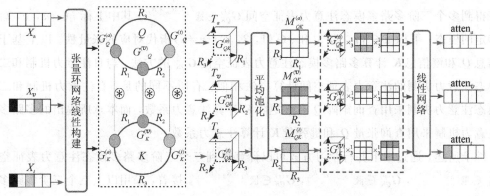

图 4.4　多路多模态注意力机制处理流程图

以减少模型的计算复杂度以及参数量，该网络能够有效应对复杂多模态情感信息融合任务。以上查询张量 Q 所包含的三阶核张量的构建方式如式(4.3)所示：

$$
\begin{cases}
G_{Q}^{(t)} = \mathrm{reshape}((X_t W_{Q_t}^{(1)}) \odot_1 (X_t W_{Q_t}^{(2)})) \in \mathbb{R}^{T_t \times R_2 \times R_3} \\
G_{Q}^{(v)} = \mathrm{reshape}((X_v W_{Q_v}^{(1)}) \odot_1 (X_v W_{Q_v}^{(2)})) \in \mathbb{R}^{T_v \times R_1 \times R_2} \\
G_{Q}^{(a)} = \mathrm{reshape}((X_a W_{Q_a}^{(1)}) \odot_1 (X_a W_{Q_a}^{(2)})) \in \mathbb{R}^{T_a \times R_3 \times R_1}
\end{cases}
\tag{4.3}
$$

以上键张量 K 所包含的三阶核张量的构建方式如式(4.4)所示：

$$
\begin{cases}
G_{K}^{(t)} = \mathrm{reshape}((X_t W_{K_t}^{(1)}) \odot_1 (X_t W_{K_t}^{(2)})) \in \mathbb{R}^{T_t \times R_2 \times R_3} \\
G_{K}^{(v)} = \mathrm{reshape}((X_v W_{K_v}^{(1)}) \odot_1 (X_v W_{K_v}^{(2)})) \in \mathbb{R}^{T_v \times R_1 \times R_2} \\
G_{K}^{(a)} = \mathrm{reshape}((X_a W_{K_a}^{(1)}) \odot_1 (X_a W_{K_a}^{(2)})) \in \mathbb{R}^{T_a \times R_3 \times R_1}
\end{cases}
\tag{4.4}
$$

其中，R_1、R_2 以及 R_3 为张量环网络的张量秩。$\{W_{Q_t}^{(1)} \in \mathbb{R}^{d_t \times R_2}, W_{Q_t}^{(2)} \in \mathbb{R}^{d_t \times R_3}, W_{Q_v}^{(1)} \in \mathbb{R}^{d_v \times R_1}, W_{Q_v}^{(2)} \in \mathbb{R}^{d_v \times R_2}, W_{Q_a}^{(1)} \in \mathbb{R}^{d_a \times R_3}, W_{Q_a}^{(2)} \in \mathbb{R}^{d_a \times R_1}, W_{K_t}^{(1)} \in \mathbb{R}^{d_t \times R_2}, W_{K_t}^{(2)} \in \mathbb{R}^{d_t \times R_3}, W_{K_v}^{(1)} \in \mathbb{R}^{d_v \times R_1}, W_{K_v}^{(2)} \in \mathbb{R}^{d_v \times R_2}, W_{K_a}^{(1)} \in \mathbb{R}^{d_a \times R_3}, W_{K_a}^{(2)} \in \mathbb{R}^{d_a \times R_1}\}$ 为线性变换矩阵，将模态数据 $\{X_a, X_v, X_t\}$ 映射到对应的低秩情感表征空间内。接着，采用模-1 KR 积 $\odot_1$ 将低秩模态矩阵整合得到对应的三阶核张量 $G_Q^{(i)}$ 和 $G_K^{(i)}$，其中上标 $i \in \{a, v, t\}$ 用来指代特定的模态。

基于以上计算得到的张量环网络形式的查询张量 Q 和键张量 K，可以计算对应的多路多模态注意力系数，计算过程如式(4.5)所示：

$$
\mathrm{MMT}(Q, K) = \mathrm{MMT}(G_Q^{(a)}, G_Q^{(v)}, G_Q^{(t)}, G_K^{(a)}, G_K^{(v)}, G_K^{(t)})
\tag{4.5}
$$

接着，采用哈达码积操作 $\otimes$ 计算 $G_Q^{(i)}$ 和 $G_K^{(i)}$ 之间的情感上下文相关性信息，可以并行计算得到多个三阶多路多模态注意力表征空间 $G_{QK}^{(i)} \in \mathbb{R}^{T_i \times R_w \times R_s}$。其中上标 $i \in \{a, v, t\}$ 指代特定的模态，下标 $w \in \{1, 2, 3\}$ 和 $s \in \{1, 2, 3\}(w \neq s)$ 指代对应的张量秩。以上基于查询信息 Q 和键信息 K 计算多路多模态注意力表征空间 $G_{QK}^{(i)}$ 的方法，与自注意力机制和二路跨模态注意力机制的注意力表征空间计算方法相似。有所不同的是，自注意力机制和二路跨模态注意力机制采用查询矩阵 Q 和键矩阵 K 计算注意力系数，而本章所提出的多路多模态注意力机制采用查询张量 Q 和键张量 K 计算注意力系数。

综上所述，通过以上并行学习方式可以计算得到三个三阶多路多模态注意力表征空间 $\{G_{QK}^{(a)} \in \mathbb{R}^{T_a \times R_3 \times R_1}, G_{QK}^{(v)} \in \mathbb{R}^{T_v \times R_1 \times R_2}, G_{QK}^{(t)} \in \mathbb{R}^{T_t \times R_2 \times R_3}\}$。接着，采用以上三个三阶多路多模态注意力低秩核张量近似表示原始多路多模态注意力张量 QK。多路多模态注意力低秩核张量 $G_{QK}^{(i)}$ 的计算过程如式(4.6)所示：

$$
\begin{cases}
\boldsymbol{G}_{QK}^{(t)} = \boldsymbol{G}_Q^{(t)} \circledast \boldsymbol{G}_K^{(t)} \\
\boldsymbol{G}_{QK}^{(v)} = \boldsymbol{G}_Q^{(v)} \circledast \boldsymbol{G}_K^{(v)} \\
\boldsymbol{G}_{QK}^{(a)} = \boldsymbol{G}_Q^{(a)} \circledast \boldsymbol{G}_K^{(a)}
\end{cases}
\tag{4.6}
$$

接着，对以上三阶多路多模态注意力低秩核张量 $\{\boldsymbol{G}_{QK}^{(a)}, \boldsymbol{G}_{QK}^{(v)}, \boldsymbol{G}_{QK}^{(t)}\}$ 沿着时间维度 $\{T_a, T_v,$ $T_t\}$ 进行平均池化操作，计算得到对应的注意力池化矩阵 $\{M_{QK}^{(a)} \in \mathbb{R}^{R_3 \times R_1}, M_{QK}^{(v)} \in \mathbb{R}^{R_1 \times R_2},$ $M_{QK}^{(t)} \in \mathbb{R}^{R_2 \times R_3}\}$。具体的计算过程如式（4.7）所示：

$$
\begin{cases}
M_{QK}^{(a)}(j, p) = \mathrm{average}(\boldsymbol{G}_{QK}^{(a)}(:, j, p)), 1 \leqslant j \leqslant R_3, 1 \leqslant p \leqslant R_1 \\
M_{QK}^{(v)}(j, p) = \mathrm{average}(\boldsymbol{G}_{QK}^{(v)}(:, j, p)), 1 \leqslant j \leqslant R_1, 1 \leqslant p \leqslant R_2 \\
M_{QK}^{(t)}(j, p) = \mathrm{average}(\boldsymbol{G}_{QK}^{(t)}(:, j, p)), 1 \leqslant j \leqslant R_2, 1 \leqslant p \leqslant R_3
\end{cases}
\tag{4.7}
$$

接着，将低秩注意力核张量 $\{\boldsymbol{G}_{QK}^{(a)}, \boldsymbol{G}_{QK}^{(v)}, \boldsymbol{G}_{QK}^{(t)}\}$ 与注意力池化矩阵 $\{M_{QK}^{(a)}, M_{QK}^{(v)}, M_{QK}^{(t)}\}$ 进行交互操作，计算得到多路多模态注意力信息 $\{\mathrm{atten}_a \in \mathbb{R}^{T_a \times d_a}, \mathrm{atten}_v \in \mathbb{R}^{T_v \times d_v}, \mathrm{atten}_t \in \mathbb{R}^{T_t \times d_t}\}$。具体的计算过程如式（4.8）所示：

$$
\begin{cases}
\mathrm{atten}_t = \mathrm{linear}(\boldsymbol{G}_{QK}^{(t)} \times_3^1 M_{QK}^{(a)} \times_3^1 M_{QK}^{(v)}) \\
\mathrm{atten}_v = \mathrm{linear}(\boldsymbol{G}_{QK}^{(v)} \times_3^1 M_{QK}^{(t)} \times_3^1 M_{QK}^{(a)}) \\
\mathrm{atten}_a = \mathrm{linear}(\boldsymbol{G}_{QK}^{(a)} \times_3^1 M_{QK}^{(v)} \times_3^1 M_{QK}^{(t)})
\end{cases}
\tag{4.8}
$$

其中，操作" $\times_n^m$ "为张量网络中的模- $\binom{m}{n}$ 操作，也称为张量缩并操作，可以将两个张量缩并成一个张量。施加张量缩并操作的前提是，两个张量存在共同维度。

例如，对于二阶张量 $A \in \mathbb{R}^{I_1 \times I_2}$ 以及二阶张量 $B \in \mathbb{R}^{I_2 \times I_3}$，由于 A 和 B 存在共同的维度" I_2 "，因此可以采用缩并操作计算得到二阶张量 $C \in \mathbb{R}^{I_1 \times I_3}$。对于式（4.8）中的" $\boldsymbol{G}_{QK}^{(t)} \times_3^1 M_{QK}^{(a)}$ "，由于三阶张量 $\boldsymbol{G}_{QK}^{(t)}$ 和二阶张量 $M_{QK}^{(a)}$ 存在共同维度" R_3 "，因此 $\boldsymbol{G}_{QK}^{(t)}$ 和 $M_{QK}^{(a)}$ 进行模 $\binom{1}{3}$ 操作之后得到一个三阶跨模态注意力张量（尺寸为 $T_t \times R_2 \times R_1$ ）。实际上，由以上跨模态张量缩并操作可以构建得到跨模态注意力空间（例如 $\boldsymbol{G}_{QK}^{(t)} \times_3^1 M_{QK}^{(a)}$ ），进而得到文本模态和语音模态的跨模态情感交互信息。

值得注意的是，由现有的跨模态二路注意力机制（MulT 多模态情感分析模型）只能够计算得到跨模态情感交互信息，而本章多路多模态注意力机制能够同时学习得到跨模态情感交互信息（ $\boldsymbol{G}_{QK}^{(t)} \times_3^1 M_{QK}^{(a)}$ ）以及模态内部情感特性信息（ $\boldsymbol{G}_{QK}^{(t)}$ ）。多路多模态注意力机制能够充分学习得到多个模态数据之间的复杂多模态情感交互信息，在一定程度上可以提升模型的情感状态判别能力。由于式(4.8)中的三阶跨模态注意力张量($G_{QK}^{(t)} \times_3^1 M_{QK}^{(a)}$)和二阶注意力池化矩阵 $M_{QK}^{(v)}$ 存在公共维度"R_1",因此($G_{QK}^{(t)} \times_3^1 M_{QK}^{(a)}$)和 $M_{QK}^{(v)}$ 进行模$\begin{pmatrix} 1 \\ 3 \end{pmatrix}$操作之后得到

一个三阶多模态注意力张量(尺寸为 $T_t \times R_2 \times R_2$)。以上模$\begin{pmatrix} 1 \\ 3 \end{pmatrix}$张量缩并操作使得跨模态注意力张量 $G_{QK}^{(t)} \times_3^1 M_{QK}^{(a)}$ 能够进一步吸收来自视频模态($M_{QK}^{(v)}$)的情感特性信息,学习得到多路多模态情感交互信息。接着,采用线性变换函数将以上三阶多模态注意力张量映射到二维矩阵空间,计算得到对应的多个多路多模态注意力系数矩阵$\{\text{atten}_t, \text{atten}_a, \text{atten}_v\}$。

接着,基于以上多路多模态注意力系数矩阵$\{\text{atten}_t, \text{atten}_a, \text{atten}_v\}$以及平衡系数"$a$",计算得到以特定模态为核心的多路多模态情感交互信息$\{Y_{\text{audio-aware}} \in \mathbb{R}^{T_a \times d_a}, Y_{\text{video-aware}} \in \mathbb{R}^{T_v \times d_v}, Y_{\text{text-aware}} \in \mathbb{R}^{T_t \times d_t}\}$。平衡系数"$a$"能够平衡"多路多模态情感交互信息"以及"原始模态信息"两者的贡献,计算得到更为丰富复杂的多路多模态情感交互信息。具体的计算过程如式(4.9)所示:

$$\begin{cases} Y_{\text{audio-aware}} = \text{atten}_a X_a + a X_a \\ Y_{\text{video-aware}} = \text{atten}_v X_v + a X_v \\ Y_{\text{text-aware}} = \text{atten}_t X_t + a X_t \end{cases} \tag{4.9}$$

4.2.4　分层多模态情感信息融合框架

基于多路多模态注意力机制模块,本章进一步提出一种分层多模态情感信息融合框架,通过迭代循环的学习方式将较低层次的多路多模态情感交互信息传递到下一个网络层,以学习得到较为高层次的丰富复杂的多模态情感交互信息。如图4.5所示,分层多模态情感信息融合框架包含 N 个互联的 MMT 模块。

基于语音模态 X_a、视频模态 X_v 和文本模态 X_t,上述分层框架中的第一个 MMT 模块可以计算得到多个多路多模态情感交互信息$\{Y_{\text{audio-aware}}, Y_{\text{video-aware}}, Y_{\text{text-aware}}\}$。接着,将以上计算得到的$\{Y_{\text{audio-aware}}, Y_{\text{video-aware}}, Y_{\text{text-aware}}\}$传送到下一个 MMT 模块,计算得到多个模态的深层次多路多模态情感交互信息。上述构建得到的分层多模态情感信息融合框架通过循环迭代的方式学习得到多个模态之间的更为丰富复杂的多路多模态情感交互信息,在一定程度上可以提升模型的学习性能。具体操作过程如式(4.10)所示:

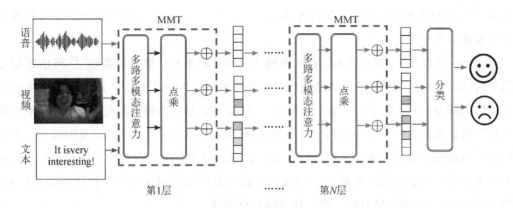

图 4.5　基于多路多模态注意力机制的多层多模态情感信息融合框架

$$\begin{cases} [Y_{\text{a-aware}}^{(1)}, \ Y_{\text{v-aware}}^{(1)}, \ Y_{\text{t-aware}}^{(1)}] = \text{MMT}^{(1)}(X_a, \ X_v, \ X_t) \\ [Y_{\text{a-aware}}^{(i+1)}, \ Y_{\text{v-aware}}^{(i+1)}, \ Y_{\text{t-aware}}^{(i+1)}] = \text{MMT}^{(i+1)}(Y_{\text{a-aware}}^{(i)}, \ Y_{\text{v-aware}}^{(i)}, \ Y_{\text{t-aware}}^{(i)}) \end{cases} \tag{4.10}$$

　　基于张量环网络，多路多模态注意力机制能够以并行处理方式，同时计算得到多个以特定模态为核心的多路多模态情感交互信息 $\{Y_{\text{a-aware}}^{(i)}, \ Y_{\text{v-aware}}^{(i)}, \ Y_{\text{t-aware}}^{(i)}\}$。多路多模态注意力机制使得每一个 MMT 模块的输入信息和输出信息的数量是相同的。因此，分层多模态情感信息融合框架能够以循环迭代的方式将第 i 层网络的多个多模态情感交互信息 $\{Y_{\text{a-aware}}^{(i)},$ $Y_{\text{v-aware}}^{(i)}, \ Y_{\text{t-aware}}^{(i)}\}$ 传送到第 $i+1$ 层网络。采用以上操作计算得到多个模态之间的深层次多路多模态情感交互信息，可以在一定程度上提升多模态情感信息融合网络的学习性能。

4.3　实验与分析

　　本章在两个公开多模态情感分析数据库 CMU-MOSI[154] 以及 POM[126] 上，采用 MMT 以及其他对比模型进行多模态情感分析任务。以上三个数据库都包含三种多媒体数据（语音、视频和文本模态）。

4.3.1　模型性能评估指标

　　对于 CMU-MOSI 多模态情感数据库，采用与 MAG 多模态情感分析模型相同的数据预处理方式[177]。对于 POM 多模态数据库，采用与 MEMI 多模态学习模型[178] 相同的初级特征提取方式。此外，本章将采用以下模型指标：平均绝对误差指标 MAE(Mean Absolute Error)、皮尔逊相关系数指标 Corr(Pearson Correlation)、二分类精度 Acc-2(Binary

Accuracy)、F1(F1 Score)和多分类精度 Acc-7(7-class Accuracy)。以上模型指标的具体计算公式参见第 2 章。

对于 Acc-2 以及 F1 评价指标,存在两种相应的计算策略。第一种策略[143]将情感划分成消极情绪与非消极情绪,消极情绪的标签取值范围为 $-3\sim0$(不包含 0),非消极情感的标签取值范围为 $0\sim3$(包含 0)。第二种策略[169]将情感划分成消极情绪与积极情绪,消极情绪的标签取值范围为 $-3\sim0$(不包含 0),积极情感的标签取值范围为 $0\sim3$(不包含 0)。本章按照以上两种情感划分标准,分别进行对应的情感二分类任务。本章采用标记"$-/-$"对以上两种情感划分标准加以区分。"/"左边的情感二分类结果对应于第一种情感划分标准,"/"右边的情感二分类结果对应于第二种情感划分标准。

4.3.2　对比模型与训练细节

本章采用以下多模态情感信息融合模型作为对比模型。该对比模型中包含基于循环神经网络 RNN 的分段式融合模型 RMFN(rnn-based multistage fusion network)[179]、双向长短时记忆网络 BC-LSTM(bi-directional LSTM)[165]、多视角长短时记忆网络 MV-LSTM (multi-view LSTM)[166]、交互典型相关性网络 ICCN(interaction canonical correlation network)[180]、学习模态共性信息以及模态个性信息的多模态情感分析网络 MISA(modality-invariant and-specific representations for multimodal sentiment analysis)[97]、张量融合网络 TFN(tensor fusion network)[169]、低秩多模态融合网络 LMF(low-rank multimodal fusion)[143]、深度多模态融合网络 DF(deep multimodal fusion)[164]、循环映射网络 RAVEN (recurrent attended variation embedding network)[181]、基于多模态自适应门机制的融合网络 MAG(multimodal adaption gate)[98]、多模态循环转换网络 MCTN(multimodal cyclic translation network)[74]、基于记忆力单元的融合网络 MFN(memory fusion network)[168]、基于注意力的循环网络 MARN(multi-attention recurrent network)[167]、基于张量分解的多模态融合模型 MFM(multimodal factorization model)[170]、多模态多对多交互网络 MEMI (multimodal explicit many2many interactions)[178]和多模态转换融合网络 MulT(multimodal transformer)[102]。

本章采用网格搜索方法确定最佳网络配置参数,即当分类或者回归的验证损失函数达到最佳时,学习得到最佳网络配置参数组合。接着,将基于以上最佳网络配置参数构建得到的多模态情感分析模型进行多模态情感分类任务。所有对比模型的优化训练器都采用 Adam 优化器,当达到预先设定的模型训练次数时,则立刻结束模型训练任务。经过多次训练发现，多模态情感分析网络层数取值在 2～7 之间，张量秩取值在 2～8 之间，平衡系数 a 取值在 0.1～0.7 之间，则对应的多模态情感信息融合模态取得较佳的模型性能。

对比模型的计算复杂度总结如下：

$$\text{MulT}(\boldsymbol{O}(M^2 \times d_i^2 \times T_i)), \ \text{TFN}\Big(\boldsymbol{O}\Big(d_y \prod_{i=1}^{M} d_i\Big)\Big)$$

$$\text{LMF}\Big(\boldsymbol{O}\Big(d_y \times R_w \times \prod_{i=1}^{M} d_i\Big)\Big),$$

$$\text{MISA}(\boldsymbol{O}(M^2 \times d_i^2 \times T_i)), \ \text{MAG}\Big(\boldsymbol{O}\Big(\prod_{i=1}^{M} T_i \times d_i\Big)\Big),$$

$$\text{ICCN}(\boldsymbol{O}(M \times d_i^2 \times T_i)), \ \text{MMT}(\boldsymbol{O}(M \times d_i \times T_i(R_w + R_s)))$$

其中，"M"对应于模态个数，"T_i"对应于第 i 个模态的时间维度大小，"d_i"对应于第 i 个模态的特征向量长度，"d_y"对应于多模态情感分析网络输出层的输出向量长度，"R_w"和"R_s"对应于张量网络秩大小，且 $d_i > R_w(R_s)$。可以发现，MMT 的复杂度远远小于其他对比模型。同时，实验结果表明 MMT 取得了与其他对比模型相当的实验结果，或者超过了其他对比模型的实验结果，证明了 MMT 的有效性和优越性。

4.3.3　实验结果与分析

表 4.1 和表 4.2 展示了 CMU-MOSI 数据库以及 POM 数据库上的多模态情感分析结果。表 4.1 和表 4.2 的表格底部对应于多路多模态注意力机制 MMT 的实验结果。如表 4.1 所示，在 CMU-MOSI 数据上，可以发现 MMT 在所有模型性能评价指标上都超过了多模态情感信息融模型 MAG。同时，可以发现在模型性能评价指标"Acc-7"上，MMT 显著超过了多模态情感信息融模型 MISA 约 5.9%。以上实验结果表明，多路多模态注意力机制学习得到的复杂多路情感交互信息，包含了多个数据之间更为丰富精确的情感状态判别信息，更有利于多类情感状态分类任务。值得注意的是，在模型性能评价指标"MAE"上（数值越低表明模型性能越好），MMT 显著超过了基于二路跨模态注意力机制的多模态情感信息融合模型 MulT 约 20.4%。如表 4.2 所示，在 POM 数据库上，可以发现 MMT 在模型性能评价指标"Corr"上显著超过了 MulT 模型约 14.3%。以上实验结果表明，与二路跨模态注意力机制相比，多路多模态注意力机制预测得到的标签与真实标签相关性更高。以上结果表明，相比于二路跨模态注意力机制，多路多模态注意力机制学习得到的复杂多路多模态情感交互信息具有更优越的情感状态判别能力。

表 4.1　CMU-MOSI 多模态数据库 MMT 和其他对比模型的多模态情感判别结果

模型	CMU-MOSI				
	MAE($\downarrow$)	Corr($\uparrow$)	Acc-2($\uparrow$)	F1($\uparrow$)	Acc-7($\uparrow$)
BC-LSTM	1.079	0.581	73.9/—	73.9/—	28.7
MV-LSTM	1.019	0.601	73.9/—	74.0/—	33.2
RMFN	0.922	0.681	78.4/—	78.0/—	38.3
RAVEN	0.915	0.691	78.0/—	76.6/—	33.2
MFN	0.965	0.632	77.4/—	77.3/—	34.1
MARN	0.968	0.625	77.1/—	77.0/—	34.7
TFN	0.970	0.633	73.9/—	73.4/—	32.1
LMF	0.912	0.668	76.4/—	75.7/—	32.8
MCTN	0.909	0.676	79.3/—	79.1/—	35.6
MFM	0.951	0.662	78.1/—	78.1/—	36.2
Bert	0.739	0.782	83.5/85.2	83.4/85.2	—
MulT	0.871	0.698	—/83.0	—/82.8	40.0
TFN(Bert)	0.901	0.698	—/80.8	—/80.7	34.9
LMF(Bert)	0.917	0.695	—/82.5	—/82.4	33.2
MulT(Bert)	0.861	0.711	81.5/84.1	80.6/83.9	—
ICCN(Bert)	0.860	0.710	—/83.0	—/83.0	39.0
MISA(Bert)	0.783	0.761	81.8/83.4	81.7/83.6	42.3
MAG(Bert)	0.712	0.796	84.2/86.1	84.1/86.0	—
MMT(Bert)	0.657	0.83	85.8/87.0	85.8/87.0	48.2

表 4.2　POM 多模态数据库 MMT 和其他对比模型的对比结果

任务	Ent	Con	Pas	Dom	Viv	Exp
类别	7	7	7	7	7	7
指标	MAE(↓)					
LSTM	0.996	1.073	1.148	0.904	1.045	1.067
BC-LSTM	0.988	1.089	1.141	0.915	1.024	1.096
TFN	1.062	1.491	1.335	1.077	1.184	1.215
DF	0.972	1.097	1.130	0.899	1.023	1.053
MARN	1.011	1.057	1.184	0.916	1.053	1.105
MulT	0.961	0.989	1.087	0.869	0.975	0.998
MEMI	0.952	0.979	1.108	0.856	0.959	0.957
MMT	0.911	0.941	0.987	0.845	0.944	0.934
Metric	Corr(↑)					
LSTM	0.176	0.233	0.179	0.201	0.172	0.153
BC-LSTM	0.083	0.200	0.219	0.318	0.241	0.177
TFN	0.265	0.159	0.158	0.067	0.232	0.149
DF	0.254	0.164	0.353	0.314	0.296	0.153
MARN	0.020	0.219	0.102	0.130	0.065	−0.008
MulT	0.267	0.294	0.332	0.282	0.286	0.319
MEMI	0.275	0.432	0.327	0.395	0.392	0.365
MMT	0.386	0.437	0.43	0.368	0.363	0.418
Metric	Acc(↑)					
LSTM	30.5	25.1	25.1	31.5	29.6	27.6
BC-LSTM	30.0	22.2	21.7	32.0	30.0	27.1
TFN	31.0	17.2	23.2	33.0	29.1	24.1
DF	27.6	25.1	21.7	31.5	28.6	27.1
MARN	32.5	28.6	24.6	34.5	31.0	27.6
MulT	31.5	25.1	31	34	35	27.6
MEMI	33.5	29.6	28.1	34.5	40.9	38.4
MMT	34.5	33.5	34	39.9	39.4	35.5

综上所述，二路跨模态注意力机制只能学习得到单个源模态到单个目标模态的单向跨模态情感交互信息。由于模态个数以及模态交互方向受限，现有二路跨模态注意力机制无法充分学习丰富复杂的多模态情感交互信息。与二路跨模态注意力机制相比，多路多模态注意力机制能够学习得到任意多个模态到任意多个模态之间的多路多模态情感交互信息。多路多模态注意力机制不受模态个数和模态交互方向的限制，在一定程度上能够提升多模态情感分析模型的学习性能。更为重要的是，本书采用低秩张量环网络构建多路多模态注意力模块，可以有效减少多模态情感信息融合框架的参数量以及计算复杂度。

基于多路多模态注意力机制，本章进一步提出了一种分层多模态情感信息融合框架，通过迭代循环的学习方式将较低层次网络上的多路多模态情感交互信息传递到较高层次网络，计算得到较为高层次的复杂多模态情感交互信息。因此，本部分将研究网络层数对多模态情感信息融合模型的影响，网络层数的取值范围在 2～7 之间。如图 4.6 所示，可以发现随着网络层数的变化，多模态情感信息融合框架都能取得较为不错的实验分析结果。

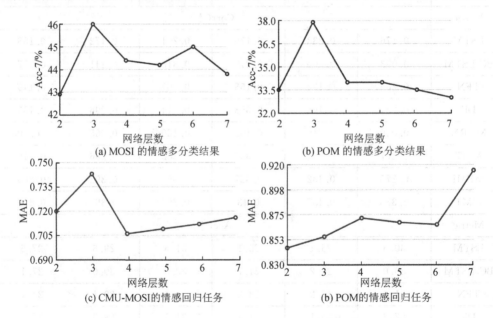

图 4.6　CMU-MOSI 数据库和 POM 数据库网络层数对多模态情感分析的影响

在 CMU-MOSI 数据库上，可以发现当网络层数取值为 3 时，多路多模态注意力机制模块在模型性能衡量指标"Acc-7"上取得最佳实验结果。同时，可以发现当网络层数取值为 4 时，多路多模态注意力机制模块在模型性能衡量指标"MAE"上取得最佳实验结果。对于

POM 数据库的"DOM"分析任务，可以发现当网络层数取值为 3 时，多路多模态注意力机制模块在模型性能衡量指标"Acc-7"上取得最佳实验结果。同时发现当网络层数取值为 2 时，多路多模态注意力机制模块在模型性能衡量指标"MAE"上取得最佳实验结果。此外，可以发现以上取得最佳实验结果的多模态情感信息融合框架所包含的网络层数一般在 2～4 之间。以上实验结果表明，包含过多网络层的多模态情感信息融合框架通过对多个模态进行过度的多模态交互操作，可能学习得到过于冗余的多模态情感交互信息。

综上所述，以上实验结果证明了分层架构的必要性和有效性。实际上，相对低层次网络可以学习得到多个模态之间较为简单的以及较为显式的多模态情感交互信息。包含多层网络的多模态交互框架通过循环迭代的学习方式将较低层次网络上的多模态情感交互信息传递到较高层次网络层。在较高层次复杂多模态数据表征空间内，可以计算得到多个模态之间更为复杂丰富的多模态情感交互信息，在一定程度上可以提升多模情感信息融合模型的学习性能。因此，相较于浅层多模态情感信息融合网络，深层多模态情感信息融合网络更有利于应对复杂多模态情感分析任务。

本章采用低秩张量环网络构建得到三阶多路多模态查询张量以及三阶多路多模态键张量，可以基于查询张量中的每一个三阶核张量以及键张量中的每一个三阶核张量计算得到多路多模态注意力系数。以上操作不需要在原始大型查询张量以及键张量上计算对应的注意系数，在一定程度上能减少计算复杂度以及参数数量。值得注意的是，张量环网络的重要构建参数为张量秩。因此，本章将着重分析不同张量秩对多路多模态注意力机制的影响。为了便于观察每一个张量秩对多模态情感判别分析结果的影响，每次实验的时候只改变一个张量秩的值，同时其他两个张量秩保持不变。如图 4.7 所示，r_1、r_2 和 r_3 的取值范围在 2～8 之间，当 r_1 的取值在 2～8 之间变化时，r_2 和 r_3 的取值不变。可以发现随着张量秩 r_1、r_2 和 r_3 的变化，多路多模态注意力机制模块在多模态情感状态分类任务中都能取得较好的实验分析结果。从图 4.7 中可以发现，当 r_1 或者 r_2 取值为 2 时，对应的多模态情感信息融合模型能够取得最佳的多模态情感状态分类结果。同样的，当 r_3 取值为 4 时，对应构建得到的多模态情感信息融合模型能够获得最佳的多模态情感状态分类精度。

以上实验结果表明，基于低秩张量环构建得到的 MMT 计算得到的多个模态之间的复杂多路多模态情感交互信息，在一定程度上可以提升多模态情感信息融合模型的学习性能。更为重要的是，以上实验结果证明了低秩张量环网络可以有效减少计算复杂度以及参数数量，同时可以取得较佳的多模态情感状态分类结果。综上所述，以上实验结果证明了采用低秩张量环网络构建多路多模态注意力机制的优越性以及有效性。同时，采用低秩张量环网络可以处理任意多个模态数据，为复杂多模态情感分析任务提供更多的可能性。

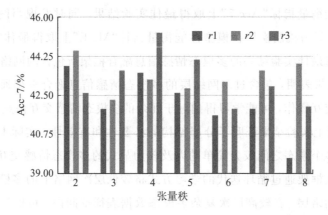

图 4.7　CMU-MOSI 数据库张量秩对多模态情感分类任务的影响

　　基于多路多模态注意力张量机制，可以在高维多模态情感表征空间内学习得到复杂多路多模态情感交互信息。因此，本部分将着重研究模态个数对多模态情感信息融合模型的影响。针对不同模态个数可以构建得到对应的多模态情感信息融合模型。例如，针对一个模态可以构建得到单模态情感分析模型，针对两个模态可以构建得到跨模态情感分析模型，针对三个模态可以构建得到多模态情感分析模型。采用的测试模型分别是跨模态情感分析模型(a, t)和(v, t)以及多模态情感分析模型(a, v, t)。a指的是语音模态数据（audio），v指的是视频模态数据（video），t指的是文本模态数据（text）。

　　如图 4.8 所示，可以发现在 CMU-MOSI 数据库以及 POM 数据库上，多模态情感分析模型(a, v, t)的实验结果优于跨模态情感分析模型(a, t)和(v, t)。以上实验结果表明，随着模态个数的增多，多路多模态注意力机制模块可以学习得到更为丰富的多模态情感交

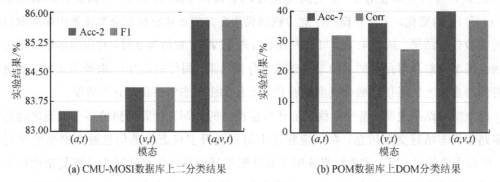

(a) CMU-MOSI数据库上二分类结果　　　(b) POM数据库上DOM分类结果

图 4.8　CMU-MOSI 和 POM 数据库模态个数对多模态情感分类任务的影响

互信息。值得注意的是，如表 4.1 和图 4.8 所示，相比于二路跨模态注意力机制 MulT 在多模态情感分类任务上的实验结果，MMT 在跨模态情感分类任务上取得更为优越的实验结果（Acc-2：84.1，F1：84.1）。以上结果表明，相比于二路跨模态注意力机制，多路多模态注意力机制模块采用两个模态数据就可以取得更为优越的情感分类结果，证明了多路多模态注意力机制的优越性和有效性。实际上，二路跨模态注意力机制由于模态个数以及模态交互方向受限，只能计算得到两个模态之间的单向跨模态情感交互信息，无法充分学习得到复杂多模态情感交互信息。本章所提出的多路多模态注意力机制则能够充分学习得到不同模态之间的情感交互信息，在一定程度上可以提升多模态情感信息融合模型的情感状态判别能力。

本章采用平衡系数"a"进一步整合"多路多模态情感交互信息"以及"原始情感模态信息"的贡献，计算得到更加综合丰富的多路多模态情感交互信息。因此，本部分将着重研究平衡系数"a"对多模态情感信息融合模型的影响。平衡系数"a"的数值取值范围在 0.1～0.7 之间。文本模态、语音模态以及视频模态共享同一个平衡系数"a"。采用的测试模型分别是跨模态情感分析模型感判别分析模型（a，t）和（v，t）。如图 4.9 所示，可以发现随着平衡系数"a"的变化多模态情感信息融合框架都能取得较为不错的实验结果。

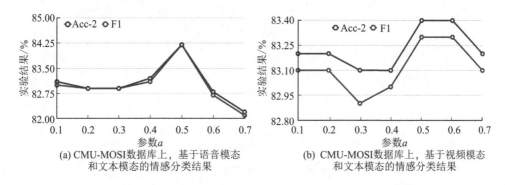

(a) CMU-MOSI 数据库上，基于语音模态和文本模态的情感分类结果

(b) CMU-MOSI 数据库上，基于视频模态和文本模态的情感分类结果

图 4.9　CMU-MOSI 数据库平衡系数"a"对多模态情感分类任务的影响

从图 4.9 中可以发现，当平衡系数"a"取值为 0.5 或者 0.6 时，多路多模态注意力机制模块能够取得最佳的情感状态分类结果。实际上，当平衡系数"a"取值过小时，意味着多模态情感信息融合模型更多关注多路多模态情感交互信息对结果的贡献，而忽略了原始模态内部固有的情感特性信息。因此，包含较小平衡系数"a"的多模态情感信息融合模型无法充分学习得到足够丰富的多模态情感交互信息，导致模型学习性能下降。此外，当平衡系数"a"取值过大时，意味着多模态情感信息融合模型更多关注原始情感模态信息对结果的贡

献，而相对忽略了多路多模态情感交互信息的贡献。因此，包含较大平衡系数"a"的多模态情感信息融合模型可能学习得到更多冗余信息，导致模型学习性能下降。

4.4　本章小结

　　针对多模态情感信息融合网络局部交互层面的模态个数和模态交互方向受限问题，本章提出了多路多模态注意力机制，通过该机制能够得到任意多个模态之间的任意交互方向的多路多模态情感交互信息。在注意力机制模块中，任意模态既是源模态也是目标模态，可以在高维多模态情感表征空间内充分学习得到多个模态之间的复杂多路多模态情感交互信息，一定程度上可以提升模型学习性能。值得注意的是，低秩张量环网络结构使得多模态情感信息融合模型能够同时处理任意多个模态信息，并且得到任意模态交互方向上的多路多模态情感交互信息。同时，多路多模态注意力机制模块所需参数量随着模态个数的增加呈线性增长趋势而非指数级增长趋势，有效避免了维数灾难问题。

第 5 章　基于双向注意力胶囊网络的多模态情感信息融合网络

现有的自上而下注意力机制只能学习得到静态和低层次模态间交互信息，自下而上注意力机制通过非显式交互方式又无法充分学习得到复杂模态间交互信息。同时以上注意力机制完全忽略了模态内部复杂情感上下文相关性信息。综上所述，以上两种注意力机制无法学习得到复杂多模态情感上下文相关性信息。为了解决以上问题，本章在预处理阶段提出了多模态动态增强模块，能够计算得到模态内部复杂情感上下文相关信息，有助于下游网络可以高效计算模态间的交互信息；接着，提出了基于双向动态路由机制的双向注意力胶囊网络 BACN(bi-direction attention capsule-based network)，学习得到模态间复杂动态多模态情感上下文相关性信息。BACN 首先采用自上而下注意力机制计算得到模态间的静态情感上下文相关性信息；接着，将静态情感上下文相关性信息传送到多模态动态路由模块，充分学习得到细粒度的动态复杂多模态情感上下文相关性信息，在一定程度上可以提升模型学习性能。

5.1　引　　言

随着多媒体技术的高速发展，如何对包含主观性情感色彩的多媒体数据(例如文本模态、语音模态和视频模态)进行高效情感分析是当前人工智能面临的极大挑战[51]。例如，消费者会在购物平台上发表关于商品的主观评价信息[123]。其中可能包含正面积极或者负面消极的主观性情感信息。基于语音模态的情感分析模型[7]一般应用于客服、陪聊服务或者导航交互任务。根据消费者的音高、语速等语音模态特征计算得到的情感状态信息，计算机可以给予消费者恰当和人性化的文本或者语音回复。基于视频的情感判别分析模型[8]一般应用于表情包生成和电影封面图生成等任务上，通过对人物面部表情进行识别检测，生成可以表征积极情绪或者消极情绪的表情包以及电影动态封面。相较于以上单模态情感分析，多模态情感分析可以学习得到更为精确的情感交互信息[32]，因此被广泛应用于情感分析任务。现有多模态情感分析的关键技术在于学习得到精确的多模态联合表征信息（同时包含模态间情感上下文相关性信息以及模态内部情感上下文相关性信息）。实际上，通过学习得到的模态内情感上下文相关性信息，在一定程度上可以减少模态内部与情感分析无关的冗余背景信息[182]。通过学习得到的模态间情感上下文相关性信息，在一定程度上可以减少多个模态之间与情感分析无关的冗余背景信息[174]。

由于胶囊网络[183]通过动态路由机制可以学习得到多个模态之间的情感上下文相关性信息，因此被研究者们应用于情感分析任务。Wang 等人[184]提出一个基于胶囊网络的 EF-Net 用于处理图像数据。由于不同局部数据区域也存在一定的差异性，因此可以将同一个图像中的不同局部数据区域视作不同的模态数据。将以上局部数据区域作为输入数据传送到胶囊网络，通过动态学习底层数据层和高层抽象表示层之间的空间关系，计算得到不同图像区域之间的相关性信息。McIntosh B 等人[185]提出一种基于跨模态胶囊网络的多模态信息融合网络。基于文本模态和视频模态可以构建得到对应的跨模态联合表征空间。接着采用跨模态动态路由机制计算得到文本模态和视频模态之间的跨模态上下文相关性信息，整合得到更为精确的多模态上下文相关性信息。

以上基于胶囊网络的多模态信息融合框架采用的是自下而上注意力机制，通过非显式交互方式只能学习得到底层模态之间的粗粒度相关性信息。实际上，以上多模态信息融合网络中的输出层可以看作是底层模态数据在另一个表征空间内的映射信息，这意味着以上信息融合网络学习得到的底层数据和输出层之间的粗粒度空间关系对应于底层模态数据之间的粗粒度相关性信息。可以发现，以上多模态信息融合框架无法充分学习得到多个模态数据之间的复杂交互信息，并且完全忽略了底层模态内部的与任务最为相关的上下文相关性信息。因此，在多模态情感分析领域内，若采用以上胶囊网络进行多模态情感信息融合任务，则无法充分学习得到细粒度模态间情感上下文相关信息和模态内部情感上下文相关性信息。无法充分学习得到复杂情感上下文相关性信息意味着无法减少多个模态之间与情感分析无关的冗余背景信息，这在一定程度上会影响情感分析任务的性能。

为了解决以上问题，本章在预处理阶段提出了一个多模态动态增强模块，通过该模块能够计算得到视频模态中与文本模态最为相关的模态内部情感上下文相关性信息；同时，可以计算得到语音模态中与文本模态最为相关的模态内部情感上下文相关性信息。采用以上增强模块可以在一定程度上减少语音模态以及视频模态内部与情感分析无关的冗余背景信息，计算得到更具有情感状态判别能力的情感特性信息。相比于语音和视频模态，文本模态包含更为丰富复杂的情感特性信息。因此文本模态可以在多模态动态增强过程中引导其他模态加强模态内部与情感分析任务更为相关的元素信息，同时去除模态内部与情感分析任务较为不相关的冗余背景信息。将以上更具有情感状态判别能力的模态信息传送到下游网络，使得下游网络可以在更为稀疏紧密的情感表征空间内进行情感分析，高效计算得到模态间情感上下文的相关性信息。

　　基于多模态动态增强模块，本章进一步提出了双向多模态动态路由机制以及双向注意力胶囊网络 BACN，计算得到多个模态之间的细粒度多模态情感上下文相关性信息。BACN 首先采用自上而下注意力机制计算得到模态数据之间的静态和低层次的模态间情感上下文相关性信息。接着，将以上静态模态间情感上下文相关性信息传送到多模态动态路由模块（基于自下而上注意力机制），在多个模态之间形成"自上而下"注意力机制和"自下而上"注意力机制互相联合的双向动态多模态情感分析。在以上双向多模态动态路由过程中，可以学习得到动态的以及较为高层次的复杂多模态情感上下文相关性信息，得到更为精确的情感分类结果。在多模态情感分析领域，本章所提出的动态多模态情感信息融合框架是第一个可以充分学习得到复杂多模态情感上下文相关性信息的动态框架。同时，两个公开的多模态情感分析数据库的实验结果也验证了本章所提出的动态多模态情感信息融合框架的有效性和优越性。

5.2　基于双向注意力机制的多模态融合网络构建

　　如图 5.1 所示为本章提出的基于双向注意力胶囊网络的动态多模态情感信息融合框架，其中包含了多模态动态增强模块（见图 5.2）和双向注意力胶囊网络（见图 5.3）。多模态动态增强模块通过去除模态内部与情感分析任务无关的冗余背景信息，可以学习得到模态内部的复杂情感上下文相关信息。将以上更具有情感状态判别能力的模态数据传送到下游网络，使得下游网络可以在更为稀疏紧密的情感表征空间内进行情感分析，高效计算得到模态间情感上下文相关性信息。接着，双向注意力胶囊网络 BACN 通过在多个模态之间形成"自上而下"注意力机制和"自下而上"注意力机制互相联合的双向动态多模态情感分析，可以学习得到模态之间的细粒度复杂多模态情感上下文相关性信息。

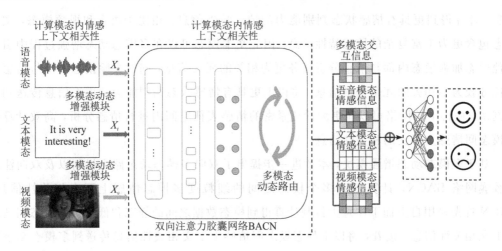

图 5.1　基于双向注意力胶囊网络的动态多模态情感信息融合框架

5.2.1　多模态动态增强模块

本章采用两个公开的多模态情感数据库 CMU-MOSI[154] 和 CMU-MOSEI[155] 验证所提出的动态多模态情感信息融合模型的有效性。以上两个数据库都包含文本模态、视频模态以及语音模态。文本模态的数据表示为 $X_t \in \mathbb{R}^{T_t \times d_t}$，视频模态的数据表示为 $X_v \in \mathbb{R}^{T_v \times d_v}$，语音模态的数据表示为 $X_a \in \mathbb{R}^{T_a \times d_a}$。$T_t$、$T_v$ 和 T_a 对应于时间维度尺寸，d_t、d_v 和 d_a 对应于特征向量长度。以上数据库将文本模态中每一个单词长度定义为一个时间刻度，接着将视频模态和语音模态的每一个单词长度下的特征信息分别进行平均池化操作。将以上计算得到的平均特征信息作为视频模态和语音模态每一个时间刻度下的特征向量。因此，文本模态、视频模态以及语音模态的时间维度尺寸是一样的，即 $T_t = T_v = T_a$。同时，为了便于模态数据进行元素乘操作，本书采用线性网络计算 X_t、X_v 和 X_a 的初级特征信息，在输出层上设定 $d_t = d_v = d_a$。

如图 5.2 所示，利用多模态动态增强模块可以计算得到语音模态 $X_a \in \mathbb{R}^{T_a \times d_a}$（或视频模态 $X_v \in \mathbb{R}^{T_v \times d_v}$）中与文本模态 $X_t \in \mathbb{R}^{T_t \times d_t}$ 最为相关的模态内部复杂情感上下文相关性信息。以上操作可以在一定程度上减少语音模态内部（或视频内部）与情感分析任务无关的冗余背景信息，计算得到更为稀疏紧密以及更具有情感状态判别能力的模态数据。前文所提出的多模态动态增强模块包含 M 个处理分析头，每一个处理分析头都包含 N 个动态循环迭代次数。每一个处理分析头都对应于特定情感分析角度，可以从具有不同情感粒度信息

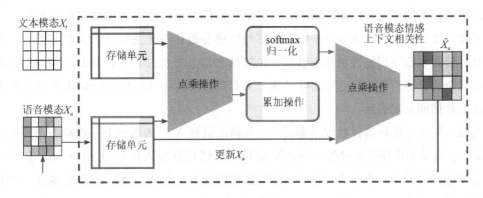

图 5.2　多模态动态增强模块示意

的情感表征空间内，计算得到复杂模态内部情感上下文相关性信息。多头路由机制可以从多个情感分析角度计算得到多个模态内部情感上下文相关性信息，进一步整合得到细粒度模态内部情感上下文相关性信息。对于第 m 个处理分析头（包含 N_m 个动态循环迭代次数），能够计算得到语音模态内部情感上下文相关性信息 $X_{a_m}^{[N_m]}$，具体计算过程如式(5.1)所示：

$$X_{a_m}^{[N_m]} = f(X_a \cdot X_t)X_a, \qquad N_m = 1$$

$$X_{a_m}^{[N_m]} = f\Big(\sum_{i=1}^{N_m-1} X_{a_m}^{[i]} \cdot X_t\Big)X_{a_m}^{[N_m-1]}, \quad N_m \geqslant 2$$

$$(5.1)$$

其中，f 对应于 softmax 函数。对于第一轮动态循环迭代过程（$N_m = 1$），采用点乘操作将语音模态 X_a 和文本模态 X_t 同时映射到跨模态情感交互空间 $X_a \cdot X_t$，即基于 X_a 和 X_t 构建得到一个跨模态情感联合表征空间 $X_a \cdot X_t$。语音模态和文本模态相同位置上的元素经过交互操作，计算得到联合表征空间 $X_a \cdot X_t$ 对应位置的元素。联合表征空间 $X_a \cdot X_t$ 既包含语音模态的情感粒度信息，同时也包含文本模态的情感粒度信息。接着，采用 softmax 函数 f 计算跨模态情感交互空间 $X_a \cdot X_t$ 中每一个元素信息的概率分布值，取值范围在 0～1 之间。通过以上操作可以计算得到文本模态对语音模态产生的具体影响，即可以采用概率分布值量化跨模态情感交互信息。实际上，若某个文本模态元素包含更多情感特性信息，则对应位置上的跨模态交互信息将得到一个相对较大的概率分布值。同时，模型将对语音模态数据对应位置上的元素信息进行增强表示。接着，通过结合以上概率分布值和原始语音模态 X_a，可以在文本模态的指导下计算得到语音模态与文本模态最为相关的语音模态内部情感上下文相关性信息。以上操作是根据较大的概率分布值增强语音模态中与文本模态最为相关的元素，同时根据较小的概率分布值弱化语音模态中与文本模态较为不相关的元素。以上操作可以减少语音模态内部与情感分析任务无关的冗余背景信息，计算得到更具有情感状态判别能力的模态数据。在跨模态动态迭代过程中，由于文本模态具有更为丰富复杂的情感特性信息，因此可以基于文本模态的情感特性信息增强语音模态数据和视频模态数据的元素表示。

当第一轮动态循环迭代过程结束时，将其输出信息 $X_{a_m}^{[1]}$ 传送到下一轮动态循环迭代过程，在下一轮动态循环迭代过程中动态更新跨模态情感联合表征空间 $X_a \cdot X_t$。在下一轮动态循环迭代过程中，基于第一轮动态循环迭代的输出信息 $X_{a_m}^{[1]}$ 和 X_t 构建得到一个新的跨模态情感联合表征空间 $X_{a_m}^{[1]} \cdot X_t$，即计算得到一个更为紧密的跨模态情感联合表征空间 $X_{a_m}^{[1]} \cdot X_t$。不同处理分析头具有不同动态循环迭代次数，可以从多个情感分析层次计算得到语音模态内部复杂情感上下文相关性信息。综上所述，多头处理机制能够在多个跨模态情感联合表征空间内计算得到细粒度模态内部情感上下文相关性信息。接着，采用卷积操作计算以上语音模态内部情感上下文相关性信息 $X_{a_m}^{[N_m]}$ 之间的潜在和深层次交互信息。以上卷积融合操作可以进一步学习得到更具有情感状态判别能力的语音模态内部情感上下文相关性信息 $\widehat{X}_a$，具体计算过程如式(5.2)所示：

$$\widehat{X}_a = \mathrm{Conv}(\mathrm{concat}(X_{a_1}^{[N_1]}, \cdots, X_{a_m}^{[N_m]}))\tag{5.2}$$

视频模态的动态增强过程与上述语音模态动态增强过程类似。在以上多模态动态增强过程中，本章采用点乘操作将语音模态 X_a 和文本模态 X_t 同时映射到跨模态情感交互空间 $X_a \cdot X_t$，计算得到语音模态内部复杂情感上下文相关性信息。以上操作可以有效减少语音模态内部(或视频内部)与情感分析任务无关的冗余背景信息，在一定程度上可以提升对应模型的学习性能。值得注意的是，点乘操作是一种相对比较简单的计算方法，为复杂多模态情感分析任务提供了更多的可能性。

5.2.2　双向注意力胶囊网络

将多模态增强模块计算得到的模态数据传送到下游网络，使得下游网络可以在更为紧密的情感表征空间内进行情感分析，高效计算得到模态间情感上下文相关性信息。基于预处理模块(多模态动态增强模块)，本章进一步提出了双向注意力网络 BACN。通过在多个模态之间形成"自上而下"注意力机制和"自下而上"注意力机制互相联合的双向动态多模态情感分析，计算得到多个模态之间的细粒度复杂情感上下文相关性信息。

如图 5.3 所示，双向注意力网络 BACN 中包含多个模态信息 $\{u_i\}_{i=1}^{N_u}$，以及多个情感交互信息 $\{v_j\}_{j=1}^{N_v}$，其中 N_u 对应于模态个数，N_v 对应于情感交互信息个数。模态信息 u_i 对应于文本模态、视频模态和语音模态的初级特征表示信息。通过采用线性网络将每一个模态数据 u_i 映射到线性表征空间，计算得到对应的相关性矩阵 $\hat{u}_{j|i}$。其对应的线性网络权重矩阵为 W_{ij}。相关性矩阵 $\hat{u}_{j|i}$ 中的元素对应于模态信息 u_i 和情感交互信息 v_j 之间的相似度信息，通过 $\hat{u}_{j|i}$ 可以将模态信息 u_i 转换得到情感交互信息 v_j。具体计算过程如式（5.3）所示：

$$\hat{u}_{j|i} = u_i W_{ij} \tag{5.3}$$

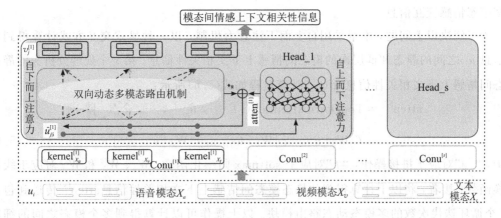

图 5.3　双向注意力胶囊网络 BACN

由于线性网络 W_{ij} 相对简单，可能无法充分学习得到模态的情感特性信息，因此本章进一步采用非线性卷积网络将模态信息 u_i 映射到另一个线性表征空间，计算得到的相关性矩阵 $\hat{u}_{j|i}$ 包含了对应的非线性卷积网络特性信息。基于模态信息 u_i 和情感交互信息 v_j，能够从非线性情感表征空间内计算得到更为复杂丰富的情感交互信息 v_j，具体计算过程如式（5.4）所示：

$$\hat{u}_{j|i} = \mathrm{Conv}(u_i, \mathrm{kernel}_i)$$
$$= \mathrm{sigmoid}\left(\sum u_i * \mathrm{kernel}_i + \mathrm{bias}_i\right) \tag{5.4}$$

基于以上操作，本章进一步提出包含多个处理分析头的双向注意力网络，每一个处理分析头都包含了特定大小的卷积核，即每一个处理分析头关注不同多模态数据区域。多头双向注意力网络可以从模态信息 u_i 以及情感交互信息 v_j 之间计算得到更为丰富复杂的多路信息流。具体计算过程如式（5.5）所示，其中"s"对应于特定卷积映射核：

$$\hat{u}_{j|i}^{[s]} = \mathrm{Conv}^{[s]}(u_i, \mathrm{kernel}_i^{[s]})$$

$$= \mathrm{sigmoid}\left(\sum u_i * \mathrm{kernel}_i^{[s]} + \mathrm{bias}_s^{[s]}\right) \tag{5.5}$$

值得注意的是，以上自下而上注意力机制只能学习得到模态信息 u_i 以及情感交互信息 v_j 之间的粗粒度空间关系信息，即只能计算得到粗粒度模态间情感上下文相关性信息，对应的空间关系信息由动态路由系数 c_{ij} 表示。可以发现，以上多模态动态路由过程完全忽略了模态信息 u_i 内部的情感上下文相关性信息。同时，以上非显式交互方式无法充分学习得到多个模态 u_i 之间的复杂情感上下文相关性信息。综上所述，上述操作无法有效减少多个模态之间与情感分析无关的冗余背景信息，即无法充分学习得到多个模态之间的细粒度复杂多模态情感交互信息。

为了解决以上问题，本章采用自上而下注意力机制，以一种显式交互方式计算得到模态信息 u_i 之间的静态和低层次的模态间情感上下文相关性信息。第 s 个处理分析头的静态模态间情感上下文相关性信息 $\mathrm{atten}^{[s]}$ 计算过程如式(5.6)所示：

$$\mathrm{atten}^{[s]} = \mathrm{TopDownAttention}([\hat{u}_{j|i_1}^{[s]}, \hat{u}_{j|i_2}^{[s]}, \cdots, \hat{u}_{j|N_u}^{[s]}])$$

$$= f(W_q[\hat{u}_{j|i=1}^{[s]\,N_u}]W_k^{\mathrm{T}}[\hat{u}_{j|i=1}^{[s]\,N_u}]^{\mathrm{T}}W_v[\hat{u}_{j|i=1}^{[s]\,N_u}]) \tag{5.6}$$

其中，"[]"对应于拼接操作，"f"对应于 softmax 归一化函数，W_q、W_k 和 W_v 对应于线性变换函数。接着，将以上计算得到的静态模态间情感上下文相关性信息 $\mathrm{atten}^{[s]}$ 传送到包含 N_v 个循环迭代次数的多模态动态路由模块。以上操作可以计算得到多个模态之间的细粒度复杂模态间情感上下文相关性信息。在每一个循环迭代中，动态路由系数 $c_{ij}^{[s]}$ 可以计算模态信息 u_i 以及情感交互信息 v_j 之间的所有可能的信息流信息，可以精确衡量模态信息 u_i 对每一个情感交互信息 v_j 的影响和贡献。其中，$c_{ij}^{[s]}$ 是基于临时积累值 $b_{ij}^{[s]}$ 计算得到的，$b_{ij}^{[s]}$ 的初始值一般设置为 0。

值得注意的是，本章所提出的双向注意力网络可以计算得到多个模态数据之间的情感上下文相关性信息，因此以上网络的输出信息 v_j 对应于情感交互信息。具体的计算过程如式(5.7)所示：

$$\{c_{ij}^{[s]}\}_{j=1}^{N_v} = \mathrm{Softmax}(\{b_{ij}^{[s]}\}_{j=1}^{N_v})$$

$$= \frac{\exp(b_{ij}^{[s]})}{\sum_{j=1}^{N_v}\exp(b_{ij}^{[s]})} \tag{5.7}$$

接着，将式(5.7)计算得到的动态路由系数 $c_{ij}^{[s]}$ 以及式(5.6)计算得到的静态模态间情

感上下文相关性信息 atten$^{[s]}$ 共同作用于相关性矩阵 $\hat{u}_{j|i}^{[s]}$。通过以上"自上而下"注意力机制和"自下而上"注意力机制互相联合的双向动态路由操作,可以充分计算得到多个模态之间相对高层次的复杂动态模态间情感上下文相关性信息 $v_j^{[s]}$。实际上,相比于自下而上注意力机制中的动态交互方式,自上而下注意力机制采用的是静态空间映射方式,计算得到对应的模态间情感上下文相关性信息。因此,只采用自上而下注意力机制分析模态信息 u_i,只能计算得到相对低层次的静态模态间情感上下文相关性信息。相比于自上而下注意力机制中的显式交互方式,自下而上注意力机制采用的是迭代循环的动态非显式交互方式,计算得到对应的模态间情感上下文相关性信息。因此,采用以上两种注意力机制无法充分学习得到模态间复杂情感上下文相关性信息。

为了解决现有注意力机制的问题,本章将静态模态间情感上下文相关性信息 atten$^{[s]}$ 和动态路由系数 $c_{ij}^{[s]}$ 联合作用于模态数据,经过多次迭代循环的动态双向路由操作,可以充分学习得到复杂模态间情感上下文相关性表示信息。本章提出的双向动态多模态路由系数 $(c_{ij}^{[s]} + \text{atten}^{[s]})$ 可以根据循环迭代次数动态调整模态间情感上下文相关性信息,计算多个模态数据间的较为高级复杂的复杂情感上下文相关性信息。具体计算过程如式(5.8)所示:

$$v_j^{[s]} = \sum_i (c_{ij}^{[s]} + \text{atten}^{[s]}) \, \hat{u}_{j|i}^{[s]} \tag{5.8}$$

当式(5.8)中的 s 设置为 2 时,每一个模态数据可以计算得到对应的 2 个模态间情感上下文相关性信息 $v_j^{[1]}$ 和 $v_j^{[2]}$。接着,采用卷积融合操作进一步学习得到 $v_j^{[1]}$ 和 $v_j^{[2]}$ 之间的潜在交互信息,计算得到对应的模态间情感上下文相关性信息{shared$_a$,shared$_v$,shared$_t$}。具体计算过程如式(5.9)所示:

$$\begin{cases} \text{shared}_a = \text{conv}(\text{concat}(v_{j_a}^{[1]}, v_{j_a}^{[2]}), \text{kernal}_a) \\ \text{shared}_v = \text{conv}(\text{concat}(v_{j_v}^{[1]}, v_{j_v}^{[2]}), \text{kernal}_v) \\ \text{shared}_t = \text{conv}(\text{concat}(v_{j_t}^{[1]}, v_{j_t}^{[2]}), \text{kernal}_t) \end{cases} \tag{5.9}$$

接着,采用卷积融合网络进一步计算 shared$_a$、shared$_v$ 和 shared$_t$ 之间的潜在且重要的交互信息,整合得到复杂多模态情感上下文相关性信息 modality-shared,具体计算过程如式(5.10)所示:

$$\text{modality-shared} = \text{conv}(\text{concat}(\text{shared}_a, \text{shared}_v, \text{shared}_t), \text{kernel}) \tag{5.10}$$

本章采用非线性卷积转换网络将模态信息 u_i 转换成情感交互信息 v_j,相关性矩阵 $\hat{u}_{j|i}$ 包含了对应的非线性卷积网络特性信息。因此,本章采用 HingeLoss 作为对应的训练损失函数,可以尽量缩小多个非线性模态间情感上下文相关性信息之间的数据差异分布,

计算得到多个模态之间更为相似的共有情感特性信息。具体计算过程如式(5.11)所示：

$$\text{SimilarityLoss} = \sum \text{HingeLoss}(\text{shared}_i, \text{shared}_j)$$
$$= \sum \max(0, 1 - \| D(\text{shared}_i) - D(\text{shared}_j) \|_2) \qquad (5.11)$$

其中，$i, j \in \{a, v, t\}$，并且 $i \neq j$。此外，本章采用多个双向注意力网络 BACN 计算多个模态内部情感上下文相关性信息，具体计算过程如式(5.12)所示：

$$\text{private}_a = \text{BACN}(X_a)$$
$$\text{private}_v = \text{BACN}(X_v) \qquad (5.12)$$
$$\text{private}_t = \text{BACN}(X_t)$$

接着，用式(5.13)误差计算方法衡量模态间情感上下文相关性信息和模态内部情感上下文相关性信息之间的差异信息，具体计算过程如下所示：

$$\text{DifferenceLoss} = \sum_{i \in a, v, t} \| \text{shared}_i^{\mathrm{T}} \text{private}_i \|_F^2 + \sum_{i, j \in a, v, t} \| \text{private}_i^{\mathrm{T}} \text{private}_j \|_F^2 \qquad (5.13)$$

5.3　实验与分析

本章在两个公开的多模态情感分析数据库 CMU-MOSI[154] 和 CMU-MOSEI[155] 上，采用 BACN 以及其他对比模型进行多模态情感分析。以上三个数据库都包含三种多媒体数据（语音、视频和文本模态）。

5.3.1　模型性能评估指标

对于 CMU-MOSI 和 CMU-MOSEI 数据库，本章采用与 MAG[98] 及 MISA[176] 模型相似的方法提取模态数据的初级特征表示信息。例如，采用预训练模型 BERT[100] 和 XLNet[186] 提取文本模态的初级特征信息。此外，本章将汇报以下模型指标：平均绝对误差指标 MAE(Mean Absolute Error)，皮尔逊相关系数指标 Corr(Pearson Correlation)，二分类精度 Acc-2(Binary Accuracy)，F1(F1 Score)和多分类精度 Acc-7(7-class Accuracy)。以上模型指标的具体计算公式参见第 2 章。对于 Acc-2 以及 F1 评价指标，存在两种相应的计算策略。本章采用标记"－/－"对以上两种情感划分标准加以区分。"/"左边的情感二分类结果对应于第一种情感划分标准[143]，"/"右边的情感二分类结果对应于第二种情感划分标准[169]。

5.3.2　训练细节和对比模型

本章采用以下多模态情感信息融合模型作为对比分析模型：基于双向长短时记忆网络的多模态融合模型 BC-LSTM(Bi-directional LSTM)[165]，基于循环神经网络的多阶段多模态融合网络 RMFN(RNN-based multistage fusion network)[179]，基于循环神经网络的融合网络 RAVEN(Recurrent Attended Variation Embedding Network)[181]，基于多模态自适应单元的融合网络 MAG(Multimodal Adaption Gate)[98]，基于记忆单元的融合网络 MFN(Memory Fusion Network)[168]，基于张量网络的融合网络 TFN(Tensor Fusion Network)[169]，基于低秩张量网络的融合网络 LMF(Low-rank Multimodal Fusion)[143]，基于多视角长短时记忆网络的融合网络 MV-LSTM(Multi-view LSTM)[166]，基于注意力循环神经网络的融合模型 MARN(Multi-attention Recurrent Network)[167]，多模态转换网络 MulT(Multimodal Transformer)[102]，多模态循环转换网络 MCTN(Multimodal Cyclic Translation Network)[74]，多模态融合模型 MFM(Multimodal Factorization Network)[170]，基于交互典型相关性网络的融合网络 ICCN(Interaction Canonical Correlation Network)[180]，研究模态共性信息以及模态个性信息的融合网络 MISA(Modality-Invariant and-Specific Representations for Multimodal Sentiment Analysis)[122]和自监督多任务多模态融合网络 Self-MM(Self-Supervised Multi-task Multimodal model)[187]。

本章采用网格搜索方法确定最优网络超参数，即当模型验证损失达到最优时，采用当前超参数构建对应的测试模型。经过多次训练发现，理想的处理分析头个数取值在 $1 \sim 6$ 之间，理想的循环迭代次数取值在 $1 \sim 7$ 之间，理想的卷积核尺寸取值为 $\{3, 5, 7\}$。

5.3.3　实验结果与分析

表 5.1、表 5.2 和表 5.3 分别展示了 CMU-MOSI 数据库(基于 Bert 和 XLNet)及 CMU-MOSEI 数据库上的多模态情感分析结果，表格底部对应于 BACN 的实验结果。表格中 BACN(Non-Enhanced)指的是所提出的多模态情感信息融合模型中只包含双向注意力网络，而不包含多模态动态增强模块。以上操作可以更为直观地衡量多模态动态增强模块对情感分析任务的影响，即能够更为直观地衡量模态内部情感上下文相关性信息对情感分析任务的影响。如表 5.1、表 5.2 和表 5.3 所示，双向注意力网络在所有模型性能衡量指标上都超过了其他多模态情感信息融合模型。以上实验结果证明了双向注意力网络 BACN 可以学习得到更具情感状态判别能力的多模态情感交互信息。同时，可以发现相比于模型

BACN(Non-Enhanced)，模型 BACN(Bert)取得了更为优越的实验结果，证明了多模态动态增强模块的必要性，它为现有多模态情感信息融合模型研究提供了更多的可能性。

如表 5.1 所示，可以发现在 CMU-MOSI 数据库的模型性能衡量指标"Acc-7"上，BACN 的实验结果显著超过了多模态情感信息融合模型 MISA(bert)约 6.9%。更为重要的是，可以发现在指标"MAE"上，BACN 的实验结果优于 Capsule Network 约 9%。

表 5.1　CMU-MOSI 数据库基于 Bert 的 BACN 和其他多模态情感分析模型的对比

模　型	CMU-MOSI 数据库				
	MAE($\downarrow$)	Corr($\uparrow$)	Acc-2($\uparrow$)	F1($\uparrow$)	Acc-7($\uparrow$)
BC-LSTM	1.079	0.581	73.9/—	73.9/—	28.7
MV-LSTM	1.019	0.601	73.9/—	74.0/—	33.2
RMFN	0.922	0.681	78.4/—	78.0/—	38.3
RAVEN	0.915	0.691	78.0/—	76.6/—	33.2
MFN	0.965	0.632	77.4/—	77.3/—	34.1
MARN	0.968	0.625	77.1/—	77.0/—	34.7
TFN	0.970	0.633	73.9/—	73.4/—	32.1
LMF	0.912	0.668	76.4/—	75.7/—	32.8
MulT	0.871	0.698	—/83.0	—/82.8	40.0
MCTN	0.909	0.676	79.3/—	79.1/—	35.6
MFM	0.951	0.662	78.1/—	78.1/—	36.2
Capsule Network(Bert)	0.762	0.778	83/86	83.4/86.1	39.5
TFN(Bert)	0.901	0.698	—/80.8	—/80.7	34.9
LMF(Bert)	0.917	0.695	—/82.5	—/82.4	33.2
ICCN(Bert)	0.860	0.710	—/83.0	—/83.0	39.0
MISA(Bert)	0.783	0.761	81.8/83.4	81.7/83.6	42.3
MAG(Bert)	0.712	0.796	84.2/86.1	84.1/86.0	—
Self-MM(Bert)	0.713	0.798	84.0/85.98	84.42/85.95	—
BACN(Non-Enhanced)	0.684	0.824	86.0/88.4	85.9/88.4	47.8
BACN(Bert)	0.669	0.833	86.5/89.1	86.5/89.1	49.2

表 5.2　CMU-MOSI 数据库基于 XLNet 的 BACN 和其他多模态情感分析模型的对比

模　型	CMU-MOSI 数据库			
	MAE(↓)	Corr(↑)	Acc-2(↑)	F1(↑)
TFN	0.970	0.633	73.9/—	73.4/—
MARN	0.968	0.625	77.1/—	77.0/—
MFN	0.965	0.632	77.4/—	77.3/—
RMFN	0.922	0.681	78.4/—	78.0/—
MulT	0.871	0.698	—/83.0	—/82.8
Capsule Network(Bert)	0.75	0.799	83.7/85.9	83.8/85.9
TFN(X)	0.914	0.713	78.2/80.1	78.2/78.8
MARN(X)	0.921	0.707	78.3/79.5	78.8/79.6
MFN(X)	0.898	0.713	78.3/79.9	78.4/79.1
RMFN(X)	0.901	0.703	79.1/81.0	78.6/80.0
MulT(X)	0.849	0.738	87.9/84.4	80.4/83.1
MAG(X)	0.675	0.821	85.7/87.9	86.6/87.9
ABCN(Non-Enhanced)	0.672	0.827	85.2/87.4	85.1/87.4
ABCN(X)	0.661	0.836	86.6/88.8	86.5/88.8

　　如表 5.3 所示，可以发现在 CMU-MOSEI 数据库的模型性能衡量指标"Corr"上，BACN 的实验结果显著超过了多模态情感信息融合模型 Self-MM(bert)约 5%。同时，可以发现在指标"MAE"上，BACN 的实验结果优于 Capsule Network 约 3%。以上实验结果表明，相比于现有注意力机制，所提出的双向注意力机制可以学习得到更为精确的多模态情感交互信息。实际上，首先采用多模态动态增强模块计算模态内部复杂情感上下文相关信息，在一定程度上可以去除模态内部与情感分析任务无关的冗余背景信息。将以上计算得到的更具有情感状态判别能力的模态数据传送到下游双向注意力网络中，可以在一定程度上提升下游网络的学习性能，高效学习得到更为复杂丰富的模态间情感上下文相关性信息。接着，通过"自上而下"注意力机制和"自下而上"注意力机制互相联合的双向动态路由操作，可以充分计算得到多个模态之间细粒度复杂模态间情感上下文相关性信息。以上计算得到的复杂多模态情感交互信息能够在一定程度上提升对应情感分析模型的学习性能。

表 5.3　CMU-MOSEI 数据库 BACN 和其他多模态情感信息融合模型的对比

模　型	CMU-MOSEI 数据库				
	MAE(↓)	Corr(↑)	Acc-2(↑)	F1(↑)	Acc-7(↑)
MFN	—	—	76.0/—	76.0/—	—
MV-LSTM	—	—	76.4/—	76.4/—	—
RAVEN	0.614	0.662	79.1/—	79.5/—	50.0
MCTN	0.609	0.670	79.8/—	80.6/—	49.6
MulT	0.580	0.703	—/82.5	—/82.3	51.8
Capsule Network(Bert)	0.581	0.80	83.8/86.4	84/86.3	48.6
TFN(Bert)	0.593	0.700	—/82.5	—/82.1	50.2
LMF(Bert)	0.623	0.677	—/82.0	—/82.1	48.0
MFM(Bert)	0.568	0.717	—/84.4	—/84.3	51.3
ICCN(Bert)	0.565	0.713	—/84.2	—/84.2	51.6
MISA(Bert)	0.555	0.756	83.6/85.5	83.8/85.3	52.2
Self-MM(Bert)	0.530	0.765	83.79/85.23	83.74/85.3	—
ABCN(Non-Enhanced)	0.563	0.806	85.3/86.9	85.2/86.8	49.9
ABCN(Bert)	0.551	0.815	86.3/87.1	86.1/87.1	51.3

　　本章采用非线性卷积转换网络将模态数据转换得到情感交互信息，对应的相关性矩阵包含了非线性卷积网络特性信息。同时，本章提出了包含多个处理分析头的双向注意力机制网络，每一个处理分析头包含特定大小的卷积核。因此，本部分将着重分析卷积核以及处理分析头个数对情感分析任务的影响。处理分析头个数的取值范围在 2～6 之间，卷积核尺寸取值为{3×3，5×5，7×7}。如图 5.4 所示，可以发现随着卷积核以及处理分析头个数的变化，所提出的多模态情感信息融合框架都能取得不错的实验分析结果。可以发现在指标"Corr"上，当卷积核大小设定为 3×3 时，包含 4 个处理分析头的 BACN 可以取得最佳情感分类结果；当卷积核大小设定为 5×5 时，包含 3 个处理分析头的 BACN 可以取得最佳情感分类结果；当卷积核大小设定为 7×7 时，包含 5 个处理分析头的 BACN 可以取得最佳情感分类结果。

　　以上实验结果表明，基于多头处理策略，双向注意力机制网络能够从多个模态数据之间充分学习得到所有可能存在的复杂多模态情感交互信息流，进一步整合得到多层次细粒度的复杂多模态情感上下文相关性信息。处理分析头过多或者过少，都会影响多模态情感信息融合模型的学习性能。对于包含过多处理分析头的双向注意力机制网络，从同一个多模态数据区域中可以计算得到多个过于相似的多模态情感交互信息，从而造成信息冗余。对于包含过少处理分析头的双向注意力机制网络，则无法从同一个多模态数据区域中充分得到丰富复杂的多模态情感交互信息，导致模型性能下降。实际上，当卷积核尺寸过大时，只能计算得到多个模态之间的粗粒度多模态情感交互信息，无法计算得到多个模态之间的细粒度多模态情感交互信息。因此，当卷积核尺寸过大时，需要采用较多的处理分析头才能计算得到细粒度的多模态情感交互信息。

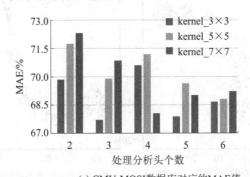

(a) CMU-MOSI数据库对应的MAE值

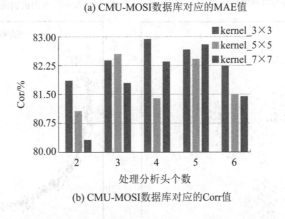

(b) CMU-MOSI数据库对应的Corr值

图 5.4　CMU-MOSI 数据库处理分析头个数和卷积核尺寸对情感分析结果的影响

　　本章所提出的双向注意力机制网络 BACN，首先采用自上而下注意力机制计算得到多个模态之间较为低层次的静态模态间情感上下文相关性信息；接着，将以上静态模态间情感上下文相关性信息传送到多模态动态路由模块，计算得到较细粒度复杂模态间情感上下文相关性信息。本部分着重分析自上而下注意力机制对多模态情感分析任务的影响。本章采用可视化方法 t-SNE 对实验结果进行可视化分析，能够更直观地呈现双向注意力机制模块学习得到的多模态情感融合信息的数据分布。同时，可以直观呈现不包含双向注意力机制模块的模型学习得到的多模态情感融合信息的数据分布。如图 5.5 所示，对于情感二分类任务，图中红色圆点对应于表征积极情绪的数据信息，绿色圆点对应于表征消极情绪的数据信息。对于情感多分类任务，图中圆点颜色取决于对应情感标签。

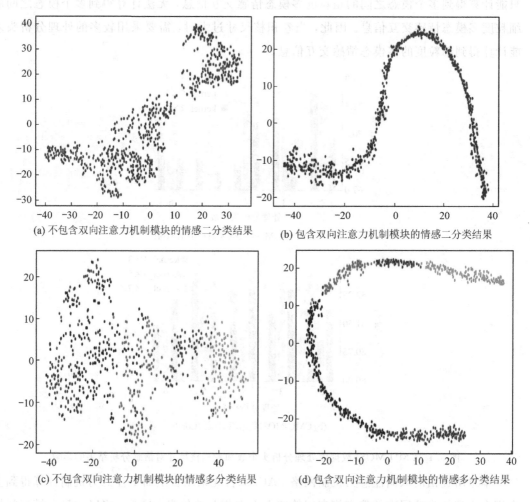

(a) 不包含双向注意力机制模块的情感二分类结果

(b) 包含双向注意力机制模块的情感二分类结果

(c) 不包含双向注意力机制模块的情感多分类结果

(d) 包含双向注意力机制模块的情感多分类结果

图 5.5　CMU-MOSI 数据库双向注意力机制模块的情感分类结果可视化图

从图 5.5 中可以发现，不包含双向注意力机制模块的框架学习得到的多模态情感融合信息的区分度较小。同时可以发现，包含双向注意力机制模块的框架学习得到的多模态情感融合信息更具有区分度。实际上，将自上而下注意力机制和自下而上注意力机制共同作用于多个模态数据，能够对多个模态数据进行双向多模态动态路由分析。以上操作可以根据循环迭代次数动态更新模态间情感上下文相关性信息，计算得到多个模态数据之间的细粒度复杂多模态情感上下文相关性信息。双向注意力机制能够学习得到更具有情感状态判别能力的多模态情感交互信息，在一定程度上可以提高对应多模态情感分析模型的学习性能。综上所述，以上实验结果证明了在多模态情感分析任务中，将自上而下注意力机制和自下而上注意力机制相结合的必要性和有效性。

　　本章提出一个多模态动态增强模块，其中包含了 M 个处理分析头，能够计算得到语音模态或视频模态中与文本模态最为相关的模态内部情感上下文相关性信息。以上操作可以在一定程度上减少语音模态或视频模态内部与情感分析任务无关的冗余背景信息，计算得到更具有情感状态判别能力的模态数据。因此，本部分将着重分析处理分析头的个数对多模态情感信息融合模型的影响。处理分析头个数的取值范围在 1～6 之间。如图 5.6 所示，可以发现随着处理分析头个数的变化，多模态情感信息融合框架都能取得不错的实验分析结果。

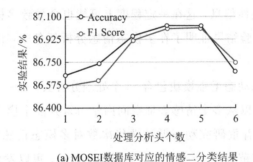

(a) MOSEI数据库对应的情感二分类结果

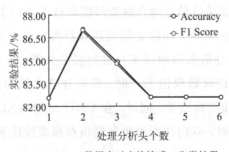

(b) MOSI数据库对应的情感二分类结果

图 5.6　CMU-MOSI 和 CMU-MOSEI 动态增强模块的处理分析头个数对情感分析的影响

在 CMU-MOSI 数据库上，可以发现当处理分析头个数取值为 2 时，双向注意力机制网络在模型性能衡量指标"Acc-2"和"F1"上取得最佳的实验结果。同时，在 CMU-MOSEI 数据库上，可以发现当处理分析头个数取值为 4 时，双向注意力机制网络在模型性能衡量指标"Acc-2"和"F1"上取得最佳的实验结果。以上实验结果表明，多头处理机制可以从基于不同情感粒度范围的多个跨模态情感表征空间内计算得到不同层次的语音（视频）模态内部复杂情感上下文相关性信息。实际上，不同的处理分析头包含不同的动态循环迭代次数，可以从不同的跨模态情感联合表征空间内计算得到更具有情感状态判别能力的模态信息。将以上更具有情感状态判别能力的模态信息传送到下游双向多模态动态路由模块中，可以高效学习得到深层次的细粒度模态间情感上下文相关性信息。

此外，可以发现处理分析头过多或者过少，都会影响多模态情感信息融合框架的学习性能。实际上，包含过多处理分析头的多模态动态增强模块可能学习得到过于相似的模态内部情感上下文相关性信息。以上学习得到的模态内部情感上下文相关性中可能包含过多冗余信息，在一定程度上可能导致多模态情感信息融合框架的学习性能下降。包含过少处理分析头的多模态动态增强模块（例如只包含 1 个处理分析头）可能无法充分学习得到复杂模态内部情感上下文相关性信息，这在一定程度上可能也会导致多模态情感信息融合框架的学习性能下降。以上实验结果证明了在多模态情感分析任务中，设计多个处理分析头的必要性和有效性。

本章所提出的多模态动态增强模块包含 M 个处理分析头，每一个处理分析头都包含 N 个动态循环迭代次数，可以从多个情感表征空间内学习得到多个模态内部情感上下文相关性信息。因此，本部分将着重研究动态循环迭代次数对多模态情感信息融合框架的影响。动态循环迭代次数的取值范围在 1～7 之间。如图 5.7 所示，可以发现随着动态循环迭代次数的变化，所提出的多模态情感信息融合框架都能取得不错的实验结果。为了只衡量动态循环迭代次数对实验结果的影响，同时去除处理分析头个数对实验结果可能造成的影响，本章只针对包含一个处理分析头的网络架构进行实验分析。在 CMU-MOSI（bert）数据库上，可以发现动态循环迭代次数取值为 4 时，双向注意力机制网络在模型性能衡量指标"Acc-2"和"F1"上取得最佳实验结果。同时，在 CMU-MOSI（XLNet）数据库上，可以发现处理分析头个数取值为 3 时，双向注意力机制网络在模型性能衡量指标"Acc-2"和"F1"上取得最佳实验结果。

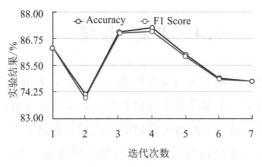

(a) MOSI 数据库，基于 Bert 的 BACN 的情感二分类结果

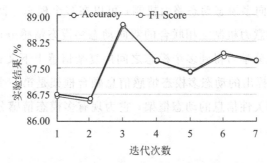

(b) MOSI 数据库，基于 XLNet 的 BACN 的情感二分类结果

图 5.7　CMU-MOSI 多模态动态增强模块的循环迭代次数对情感分析的影响

　　以上实验结果表明在每一轮动态迭代过程中，语音模态和视频模态都能够充分吸收文本模态的贡献。以上操作通过文本模态中的情感特性信息增强语音模态和视频模态信息，能够计算得到更具情感状态判别能力的语音模态和视频模态内部情感上下文相关性信息。通过将上一轮动态循环迭代的输出信息传送到下一轮动态循环迭代过程，可以动态更新跨模态情感联合表征空间。在下一轮动态循环迭代过程中，可以基于第一轮动态循环迭代的输出信息构建得到一个更具有鲁棒性的跨模态情感表征空间。在上述多轮动态循环迭代学习过程中，模型可以动态更新对应的模态内部情感上下文相关性信息，计算得到更具有情感状态判别能力的模态内部情感上下文相关性信息。以上多轮动态循环迭代学习能够在一定程度上减少模态内部与情感分析任务无关的冗余背景信息，更有利于下游双向注意力机制模块可以学习得到细粒度复杂模态间情感上下文相关性信息。以上实验结果证明了在多模态情感分析任务中，设计多个动态循环迭代次数的必要性和有效性。

5.4　本章小结

　　针对多模态情感信息融合网络中全局交互层面的复杂上下文相关性信息学习不充分问题，本章在预处理阶段提出了一个多模态动态增强模块，可以学习得到模态内部复杂情感上下文相关性信息。将以上多模态动态增强模块的输出信息传送到下游网络，使得下游网络可以在更为紧密的情感表征空间内高效计算得到模态间情感上下文相关性信息。接着，本章又提出双向注意力模块 BACN，学习得到多个模态之间的细粒度情感上下文相关性信息。BACN 提出了一种双向多模态动态路由机制，可以在多个模态之间形成"自上而下"注意力机制和"自下而上"注意力机制互相联合的双向动态多模态情感分析过程。以上双向多模态动态路由机制可以充分学习得到多个模态之间的复杂情感上下文相关性信息。在多模态情感分析领域，本章所提出的动态多模态情感信息融合框架是第一个可以充分学习得到复杂多模态情感上下文相关性信息的动态框架，它为现有多模态情感分析提供了更多的可能性。

第 6 章　总结与展望

本书围绕面向多媒体内容的多模态情感信息融合网络开展了对应的研究工作。针对现有多模态情感信息融合网络存在的问题，本书提出了多个对应的多模态信息融合网络。针对多模态情感信息融合网络输入层的模态缺失问题，本书提出了基于对偶学习的对偶转换融合网络 CTFN。针对多模态情感信息融合网络池化层的模态个数和交互阶数受限问题，本书构建了高阶多项式张量池化模块 PTP 和混阶多项式张量池化模块 MOPTP，并分别基于上述两个模块构建了对应的分层融合框架 HPFN 以及树状分层融合框架 TMOPFN。针对多模态情感信息融合网络局部交互层面的模态交互方向受限问题，本书提出了一种多路多模态注意力网络 MMT。针对多模态情感信息融合网络全局交互层面的复杂多模态情感上下文相关性信息学习不充分问题，本书提出了双向注意力胶囊网络 BACN。本书的研究成果总结如下：

（1）提出了一个对偶转换融合网络 CTFN，能够同时学习得到模态之间的前向和反向跨模态情感上下文相关性信息。对偶学习结构可以确保当一个模态缺失时，对应的跨模态转换网络仍然能够学习得到双向跨模态情感上下文相关性信息。因此，CTFN 能够有效应对输入层的模态数据缺失问题。此外，本书提出了循环一致性约束用来取代现有转换网络中的解码器模块，构建得到一个轻量级多模态情感信息融合模型。值得注意的是，只将一个模态数据传送到网络输入层，CTFN 仍然能够学习得到多模态情感上下文相关性信息。相比于现有多模态情感信息融合模型，CTFN 能够有效应对多个模态数据同时缺失问题，为多模态情感分析领域提供了更多的可能性。

（2）提出了一个高阶多项式张量池化模块 PTP，可以学习得到任意多个模态的任意高阶多线性多模态情感交互信息，在一定程度上可以提升多模态情感分析模型的学习性能。基于 PTP，构建得到一个分层多模态情感信息融合框架 HPFN，通过循环迭代的方式学习得到全局多模态情感交互信息。接着，本书进一步提出了混阶多项式张量池化模块 MOPTP，通过自适应激活多个混阶多模态情感表征子空间内与情感分析任务最为相关的位置信息，学习得到潜在的情感状态变化信息。基于 MOPTP，进一步构建得到树状多模态情感信息融合模型 TMOPFN，通过在同一个网络层上施加多个多模态情感分析策略，计算得到多层次多模态情感交互信息。

（3）提出了一个基于多路多模态注意力机制的多模态情感信息融合模型，可以计算得到任意多个模态之间的任意交互方向的复杂多路多模态情感交互信息。本书所提出的多路多模态注意力机制既不受交互模态个数的限制，也不受模态交互方向的限制，可以在高维多模态情感表征空间内充分计算得到细粒度复杂多模态情感交互信息。基于多路多模态注意力机制，进一步构建得到分层多模态情感信息融合框架，计算得到深层次复杂多模态情感交互信息。值得注意的是，基于低秩张量环网络的多路多模态注意力模块的参数量随着模态个数增加呈现线性增长趋势而非指数级增长趋势，能够有效避免多模态注意力张量的维数灾难问题。

（4）提出了一个基于双向注意力胶囊网络的多模态情感信息融合网络，在多模态情感分析领域是第一个可以充分学习得到复杂多模态情感上下文相关性信息的动态框架。在预处理阶段，本书提出了一个多模态动态增强模块，可以学习得到模态内部复杂情感上下文相关性信息。将以上模块的输出信息传送到下游网络，使得下游网络可以在更为紧密的情感表征空间内高效计算得到模态间情感上下文相关性信息。接着，本章提出了双向注意力模块 BACN，得到多个模态之间的细粒度情感上下文相关性信息。BACN 提出了一种双向多模态动态路由机制，可以在多个模态之间形成"自上而下"注意力机制和"自下而上"注意力机制互相联合的双向动态多模态情感分析过程。以上双向多模态动态路由机制可以充分学习得到多个模态之间的复杂情感上下文相关性信息。

在未来的工作中，可以结合第 3 章提出的高阶多项式池化模块和第 4 章提出的多路多模态注意力网络，构建得到一个多线性多路多模态注意力网络，计算得到任意多个模态之间的任意交互方向的多线性多路多模态情感交互信息。接着，可以结合以上多线性多路多模态注意力网络和第 5 章提出的双向注意力胶囊网络，构建得到一个多线性多路双向注意力机制。基于以上多线性多路双向注意力机制，可以在多线性多模态高阶表征空间内充分学习得到较为复杂的细粒度多线性多模态情感上下文相关性信息。综上所述，结合第 3、4、5 章的工作，可以整合得到一个更具有鲁棒性的基于注意力机制的多模态融合网络，可以有效应对现有多模态情感信息融合网络的池化层、局部交互层和全局交互层的多个问题。

参 考 文 献

[1] PLUTCHIK R. The nature of emotions: Human emotions have deep evolutionary roots, a fact that may explain their complexity and provide tools for clinical practice[J]. American Scientist, 2001, 89 (4): 344 - 350.

[2] NOJAVANASGHARI B, GOPINATH D, KOUSHIK J, et al. Deep multimodal fusion for persuasiveness prediction[C]//Proceedings of the 18th ACM International Conference on Multimodal Interaction. 2016: 284 - 288.

[3] MINSKY M. Society of mind[M]. Simon and Schuster, 1988.

[4] SALOVEY P, MAYER J D. Emotional intelligence[J]. Imagination, Cognition and Personality, 1990, 9(3): 185 - 211.

[5] PICARD R W. Affective computing[M]. MIT Press, 2000.

[6] YADOLLAHI A, SHAHRAKI A G, ZAIANE O R. Current state of text sentiment analysis from opinion to emotion mining[J]. ACM Computing Surveys (CSUR), 2017, 50(2): 1 - 33.

[7] LUO Z, XU H, CHEN F. Audio sentiment analysis by heterogeneous signal features learned from utterance-based parallel neural network[C]//AffCon@ AAAI. 2019.

[8] KAHOU S E, BOUTHILLIER X, LAMBLIN P, et al. Emonets: Multimodal deep learning approaches for emotion recognition in video[J]. Journal on Multimodal User Interfaces, 2016, 10(2): 99 - 111.

[9] GIACHANOU A, CRESTANI F. Like it or not: A survey of twitter sentiment analysis methods[J]. ACM Computing Surveys (CSUR), 2016, 49(2): 1 - 41.

[10] 张紫琼, 叶强, 李一军. 互联网商品评论情感分析研究综述[J]. 管理科学学报, 2010, 13(6): 13.

[11] YAN Y, LI R, WANG S, et al. Large-Scale Relation Learning for Question Answering over Knowledge Bases with Pre-trained Language Models[C]//Proceedings of the 2021 Conference on Empirical Methods in Natural Language Processing. 2021: 3653 - 3660.

[12] KEARNEY C, LIU S. Textual sentiment in finance: A survey of methods and models [J]. International Review of Financial Analysis, 2014, 33: 171 - 185.

[13] ZHOU L, GAO J, LI D, et al. The design and implementation of xiaoice, anempathetic social chatbot[J]. Computational Linguistics, 2020, 46(1): 53 - 93.

［14］ CHANG W Y，HSU S H，CHIEN J H. FATAUVA-Net：An integrated deep learning framework for facial attribute recognition，action unit detection，and valence-arousal estimation［C］//Proceedings of the IEEE Conference on Computer Vision and Pattern Recognition Workshops. 2017：17 - 25.

［15］ LI F L，QIU M，CHEN H，et al. Alime assist：An intelligent assistant for creating an innovative e-commerce experience［C］//Proceedings of the 2017 ACM on Conference on Information and Knowledge Management. 2017：2495 - 2498.

［16］ KAUSHIK L，SANGWAN A，HANSEN J H L. Sentiment extraction from natural audio streams ［C］//2013 IEEE International Conference on Acoustics，Speech and Signal Processing. IEEE，2013：8485 - 8489.

［17］ WANI T M，GUNAWAN T S，QADRI S A A，et al. A Comprehensive Review of Speech Emotion Recognition Systems［J］. IEEE Access，2021，9：47795 - 47814.

［18］ 韩文静，李海峰，阮华斌，等. 语音情感识别研究进展综述［J］. 软件学报，2014，25(1)：14.

［19］ COWIE R，DOUGLAS-COWIE E，SAVVIDOU ＊ S，et al. ′FEELTRACE′：An instrument for recording perceived emotion in real time［C］//ISCA Tutorial and Research Workshop（ITRW）on Speech and Emotion. 2000.

［20］ MCGILLOWAY S，COWIE R，DOUGLAS-COWIE E，et al. Approaching automatic recognition of emotion from voice：A rough benchmark［C］//ISCA Tutorial and Research Workshop（ITRW）on Speech and Emotion. 2000.

［21］ BURKHARDT F，PAESCHKE A，ROLFES M，et al. A database of German emotional speech ［C］//Interspeech. 2005，5：1517 - 1520.

［22］ PAN S，TAO J，LI Y. The CASIA audio emotion recognition method for audio/visual emotion challenge 2011［C］//International Conference on Affective Computing and Intelligent Interaction. Springer，Berlin，Heidelberg，2011：388 - 395.

［23］ 张石清，李乐民，赵知劲. 人机交互中的语音情感识别研究进展［J］. 电路与系统学报，2013，18(2)：13.

［24］ LEE C M，NARAYANAN S S. Toward detecting emotions in spoken dialogs［J］. IEEE Transactions on Speech and Audio Processing，2005，13(2)：293 - 303.

［25］ OOI C S，SENG K P，ANG L M，et al. A new approach of audio emotion recognition［J］. Expert Systems with Applications，2014，41(13)：5858 - 5869.

［26］ HARATI S，CROWELL A，MAYBERG H，et al. Depression severity classification fromspeech emotion［C］//2018 40th Annual International Conference of the IEEE Engineering in Medicine and

Biology Society (EMBC). IEEE, 2018: 5763 - 5766.

[27] SEGURA C, BALCELLS D, UMBERT M, et al. Automatic speech feature learning for continuous prediction of customer satisfaction in contact center phone calls[C]//International Conference on Advances in Speech and Language Technologies for Iberian Languages. Springer, Cham, 2016: 255 - 265.

[28] SHAN C, ZHANG J, WANG Y, et al. Attention-based end-to-end speech recognition in mandarin [M]//CoRR. 2017.

[29] TAWARI A, TRIVEDI M. Speech based emotion classification framework for driver assistance system[C]//2010 IEEE Intelligent Vehicles Symposium. IEEE, 2010: 174 - 178.

[30] WU Y L, TSAI H Y, HUANG Y C, et al. Accurate emotion recognition for driving risk prevention in driver monitoring system [C]//2018 IEEE 7th Global Conference on Consumer Electronics (GCCE). IEEE, 2018: 796 - 797.

[31] KAMARUDDIN N, WAHAB A. Driver behavior analysis through speech emotion understanding [C]//2010 IEEE Intelligent Vehicles Symposium. IEEE, 2010: 238 - 243.

[32] HAAMER R E, RUSADZE E, LSI I, et al. Review on emotion recognition databases[J]. Hum. Robot Interact. Theor. Appl, 2017, 3: 39 - 63.

[33] JI R, CAO D, ZHOU Y, et al. Survey of visual sentiment prediction for social media analysis[J]. Frontiers of Computer Science, 2016, 10(4): 602 - 611.

[34] RUSSELL J A, MEHRABIAN A. Distinguishing anger and anxiety in terms of emotional response factors[J]. Journal of Consulting and Clinical Psychology, 1974, 42(1): 79.

[35] AMENCHERLA M, VARSHNEY L R. Color-based visual sentiment for social communication [C]//2017 15th Canadian Workshop on Information Theory (CWIT). IEEE, 2017: 1 - 5.

[36] JIA J, WU S, WANG X, et al. Can we understand van gogh's mood? learning to infer affects from images in social networks [C]//Proceedings of the 20th ACM International Conference on Multimedia. 2012: 857 - 860.

[37] SIERSDORFER S, MINACK E, DENG F, et al. Analyzing and predicting sentiment of images on the social web[C]//Proceedings of the 18th ACM International Conference on Multimedia. 2010: 715 - 718.

[38] EKMAN P, KELTNER D. Universal facial expressions of emotion[J]. Segerstrale U, P. Molnar P, eds. Nonverbal communication: Where nature meets culture, 1997, 27: 46.

[39] 杨国亮, 王志良, 王国江. 面部表情识别研究进展[J]. 自动化技术与应用, 2006, 25(4): 6.

[40] LUNDQVIST D, FLYKT A, ÖHMAN A. Karolinska directed emotional faces[J]. Cognition and Emotion, 1998.

[41] LANGNER O, DOTSCH R, BIJLSTRA G, et al. Presentation and validation of the Radboud Faces Database[J]. Cognition and Emotion, 2010, 24(8): 1377 - 1388.

[42] GOODFELLOW I J, ERHAN D, CARRIER P L, et al. Challenges in representation learning: A report on three machine learning contests[C]//International Conference on Neural Information Processing. Springer, Berlin, Heidelberg, 2013: 117 - 124.

[43] LYONS M, KAMACHI M, GYOBA J. Japanese female facial expression (JAFFE) database [J]. 2017.

[44] DHALL A, GOECKE R, LUCEY S, et al. Acted facial expressions in the wild database[J]. Australian National University, Canberra, Australia, Technical Report TR - CS - 11, 2011, 2: 1.

[45] HASHIMOTO T, HITRAMATSU S, TSUJI T, et al. Development of the face robot SAYA for rich facial expressions [C]//2006 SICE-ICASE International Joint Conference. IEEE, 2006: 5423 - 5428.

[46] 申寻兵, 何志芳, 丁雪萍. 改善自闭症儿童表情识别能力的计算机面部表情识别训练[J]. 科技视界, 2013(25): 2.

[47] MITTAL S, RANJAN A, ROY B, et al. Mus-Emo: An Automated Facial Emotion-Based Music Recommendation System Using Convolutional Neural Network[M]//Advances in Communication, Devices and Networking. Springer, Singapore, 2022: 267 - 276.

[48] OH J H, HANSON D, KIM W S, et al. Design of android type humanoid robot Albert HUBO [C]//2006 IEEE/RSJ International Conference on Intelligent Robots and Systems. IEEE, 2006: 1428 - 1433.

[49] WANG K, PENG X, YANG J, et al. Suppressing uncertainties for large-scale facial expression recognition[C]//Proceedings of the IEEE/CVF Conference on Computer Vision and Pattern Recognition. 2020: 6897 - 6906.

[50] 吴良庆, 刘启元, 张栋, 等. 基于情感信息辅助的多模态情绪识别[J]. 北京大学学报: 自然科学版, 2020, 56(1): 7.

[51] ZHANG Y, SONG D, ZHANG P, et al. A quantum-inspired multimodal sentimentanalysis framework[J]. Theoretical Computer Science, 2018, 752: 21 - 40.

[52] D'MELLO S K, KORY J. A review and meta-analysis of multimodal affect detection systems[J]. ACM Computing Surveys (CSUR), 2015, 47(3): 1 - 36.

[53] CHEN M, WANG S, LIANG P P, et al. Multimodal sentiment analysis with word-level fusion and reinforcement learning[C]//Proceedings of the 19th ACM International Conference on Multimodal Interaction. 2017: 163 – 171.

[54] ZHANG Y, LAI G, ZHANG M, et al. Explicit factor models for explainable recommendation based on phrase-level sentiment analysis[C]//Proceedings of the 37th International ACM SIGIR Conference on Research & Development in Information Retrieval. 2014: 83 – 92.

[55] XU N, MAO W, CHEN G. Multi-interactive memory network for aspect based multimodal sentiment analysis[C]//Proceedings of the AAAI Conference on Artificial Intelligence. 2019, 33 (01): 371 – 378.

[56] YU W, XU H, MENG F, et al. Ch-sims: A chinese multimodal sentiment analysis dataset with fine-grained annotation of modality[C]//Proceedings of the 58th Annual Meeting of the Association for Computational Linguistics. 2020: 3718 – 3727.

[57] MORENCY L P, MIHALCEA R, DOSHI P. Towards multimodal sentiment analysis: Harvesting opinions from the web [C]//Proceedings of the 13th International Conference on Multimodal Interfaces. 2011: 169 – 176.

[58] WÖLLMER M, WENINGER F, KNAUP T, et al. Youtube movie reviews: Sentiment analysis in an audio-visual context[J]. IEEE Intelligent Systems, 2013, 28(3): 46 – 53.

[59] YOFFIE D B, WU L, SWEITZER J, et al. Voice war: Hey google vs. alexa vs. siri[J]. Harvard Business School, 2018: 25.

[60] JIA K, KENNEY M, MATTILA J, et al. The application of artificial intelligence at Chinese digital platform giants: Baidu, Alibaba and Tencent[J]. ETLA Reports, 2018 (81).

[61] PANDEY A K, GELIN R. A mass-produced sociable humanoid robot: Pepper: The first machine of its kind[J]. IEEE Robotics & Automation Magazine, 2018, 25(3): 40 – 48.

[62] KIM Y D, CHOI S. Nonnegative tucker decomposition[C]//2007 IEEE Conference on Computer Vision and Pattern Recognition. IEEE, 2007: 1 – 8.

[63] GARNELO M, ROSENBAUM D, MADDISON C, et al. Conditional neuralprocesses[C]//International Conference on Machine Learning. PMLR, 2018: 1704 – 1713.

[64] MAI S, HU H, XING S. Modality to modality translation: An adversarial representation learning and graph fusion network for multimodal fusion [C]//Proceedings of the AAAI Conference on Artificial Intelligence. 2020, 34(01): 164 – 172.

[65] DUAN B, WANG W, TANG H, et al. Cascade attention guided residue learning gan for cross-modal

translation[C]//2020 25th International Conference on Pattern Recognition (ICPR). IEEE, 2021: 1336 - 1343.

[66] HAO W, ZHANG Z, GUAN H. Cmcgan: A uniform framework for cross-modal visual-audio mutual generation[C]//Proceedings of the AAAI Conference on Artificial Intelligence. 2018, 32(1).

[67] ZHU J Y, PARK T, ISOLA P, et al. Unpaired image-to-image translation using cycle-consistent adversarial networks[C]//Proceedings of the IEEE International Conference on Computer Vision. 2017: 2223 - 2232.

[68] PANDEY G, DUKKIPATI A. Variational methods for conditional multimodal deep learning[C]//2017 International Joint Conference on Neural Networks (IJCNN). IEEE, 2017: 308 - 315.

[69] THEODORIDIS T, CHATZIS T, SOLACHIDIS V, et al. Cross-modal variational alignment of latent spaces[C]//Proceedings of the IEEE/CVF Conference on Computer Vision and Pattern Recognition Workshops. 2020: 960 - 961.

[70] KINGMA D P, WELLING M. Auto-encoding variational bayes [J]. arXiv Preprint arXiv: 1312. 6114, 2013.

[71] PHAM H, MANZINI T, LIANG P P, et al. Seq2seq2sentiment: Multimodal sequence to sequence models for sentiment analysis[J]. arXiv Preprint arXiv: 1807. 03915, 2018.

[72] CHUNG J, GULCEHRE C, CHO K, et al. Gated feedback recurrent neural networks[C]//International Conference on Machine Learning. PMLR, 2015: 2067 - 2075.

[73] YANG B, SHAO B, WU L, et al. Multimodal sentiment analysis with unidirectional modality translation [J]. Neurocomputing, 2022, 467: 130 - 137.

[74] PHAM H, LIANG P P, MANZINI T, et al. Found in translation: Learning robust joint representations by cyclic translations between modalities [C]//Proceedings of the AAAI Conference on Artificial Intelligence. 2019, 33(01): 6892 - 6899.

[75] WANG Z, WAN Z, WAN X. Transmodality: An end2end fusion method with transformer for multimodal sentiment analysis[C]//Proceedings of The Web Conference 2020. 2020: 2514 - 2520.

[76] PORIA S, CAMBRIA E, BAJPAI R, et al. A review of affective computing: From unimodal analysis to multimodal fusion[J]. Information Fusion, 2017, 37: 98 - 125.

[77] SNOEK C G M, WORRING M, SMEULDERS A W M. Early versus late fusion in semantic video analysis[C]//Proceedings of the 13th Annual ACM International Conference on Multimedia. 2005: 399 - 402.

[78] NEFIAN A V, LIANG L, PI X, et al. Dynamic Bayesian networks for audio-visual speech recognition[J].

EURASIP Journal on Advances in Signal Processing, 2002, 2002(11): 1 - 15.

[79]　CHUANG Z J, WU C H. Multi-modal emotion recognition from speech and text[C]//International Journal of Computational Linguistics & Chinese Language Processing, Volume 9, Number 2, August 2004: Special Issue on New Trends of Speech and Language Processing. 2004: 45 - 62.

[80]　SAVRAN A, CAO H, SHAH M, et al. Combining video, audio and lexical indicators of affect in spontaneous conversation via particle filtering[C]//Proceedings of the 14th ACM International Conference on Multimodal Interaction. 2012: 485 - 492.

[81]　MITCHELL H B. Multi-sensor data fusion: an introduction [M]. Springer Science & Business Media, 2007.

[82]　RIGOLL G, MÜLLER R, SCHULLER B. Speech emotion recognition exploiting acoustic and linguistic information sources [C]//Proc. of Intern. Conf. Speech and Computer, SPECOM 2005, Patras, Greece. 2005.

[83]　CAI G, XIA B. Convolutional neural networks for multimedia sentiment analysis[M]//Natural Language Processing and Chinese Computing. Springer, Cham, 2015: 159 - 167.

[84]　PORIA S, CAMBRIA E, GELBUKH A. Deep convolutional neural network textual features and multiple kernel learning for utterance-level multimodal sentiment analysis[C]//Proceedings of the 2015 Conference on Empirical Methods in Natural Language Processing. 2015: 2539 - 2544.

[85]　AMER M R, SHIELDS T, SIDDIQUIE B, et al. Deep multimodal fusion: A hybrid approach[J]. International Journal of Computer Vision, 2018, 126(2): 440 - 456.

[86]　WöLLMER M, WENINGER F, KNAUP T, et al. Youtube movie reviews: Sentiment analysis in an audio-visual context[J]. IEEE Intelligent Systems, 2013, 28(3): 46 - 53.

[87]　SIDDIQUIE B, CHISHOLM D, DIVAKARAN A. Exploiting multimodal affect and semantics to identify politically persuasive web videos [C]//Proceedings of the 2015 ACM on International Conference on Multimodal Interaction. 2015: 203 - 210.

[88]　LIN T Y, ROYCHOWDHURY A, MAJI S. Bilinear cnn models for fine-grained visual recognition[C]// Proceedings of the IEEE InternationalConference on Computer Vision. 2015: 1449 - 1457.

[89]　NGUYEN D, NGUYEN K, SRIDHARAN S, et al. Deep spatio-temporal feature fusion with compact bilinear pooling for multimodal emotion recognition[J]. Computer Vision and Image Understanding, 2018, 174: 33 - 42.

[90]　FUKUI A, PARK D H, YANG D, et al. Multimodal compact bilinear pooling for visual question answering and visual grounding[J]. arXiv Preprint arXiv: 1606.01847, 2016.

［91］ KOLDA T G，BADER B W. Tensor decompositions and applications［J］. SIAM Review，2009，51（3）：455－500.

［92］ ZADEH A，CHEN M，PORIA S，et al. Tensor fusion network for multimodal sentiment analysis［J］. arXiv Preprint arXiv：1707.07250，2017.

［93］ VERMA S，WANG J，GE Z，et al. Deep-HOSeq：Deep Higher Order Sequence Fusion for Multimodal Sentiment Analysis［C］//2020 IEEE International Conference on Data Mining （ICDM）. IEEE，2020：561－570.

［94］ LIU Z，SHEN Y，LAKSHMINARASIMHAN V B，et al. Efficient low-rank multimodal fusion with modality-specific factors［J］. arXiv Preprint arXiv：1806.00064，2018.

［95］ BAREZI E J，FUNG P. Modality-based factorization for multimodal fusion［J］. arXiv Preprint arXiv：1811.12624，2018.

［96］ VASWANI A，SHAZEER N，PARMAR N，et al. Attention is all you need［C］//Advances in Neural Information Processing Systems. 2017：5998－6008.

［97］ HAZARIKA D，ZIMMERMANN R，PORIA S. Misa：Modality-invariant and-specific representations for multimodal sentiment analysis［C］//Proceedings of the 28th ACM International Conference on Multimedia. 2020：1122－1131.

［98］ RAHMAN W，HASAN M K，LEE S，et al. Integrating multimodal information in large pretrained transformers［C］//Proceedings of the Conference. Association for Computational Linguistics. Meeting. NIH Public Access，2020，2020：2359.

［99］ CHENG J，FOSTIROPOULOS I，BOEHM B，et al. Multimodal Phased Transformer forSentiment Analysis［C］//Proceedings of the 2021 Conference on Empirical Methods in Natural Language Processing. 2021：2447－2458.

［100］ CUI B，LI Y，CHEN M，et al. Fine-tune BERT with sparse self-attention mechanism［C］//Proceedings of the 2019 Conference on Empirical Methods in Natural Language Processing and the 9th International Joint Conference on Natural Language Processing （EMNLP－IJCNLP）. 2019：3548－3553.

［101］ ZUNINO R，GASTALDO P. Analog implementation of the softmax function［C］//2002 IEEE International Symposium on Circuits and Systems. Proceedings （Cat. No. 02CH37353）. IEEE，2002，2：II－II.

［102］ TSAI Y H H，BAI S，LIANG P P，et al. Multimodal transformer for unaligned multimodal language sequences［C］//Proceedings of the conference. Association for Computational Linguistics. Meeting. NIH Public Access，2019，2019：6558.

［103］ DELBROUCK J B, TITS N, BROUSMICHE M, et al. A Transformer-based joint-encoding for Emotion Recognition and Sentiment Analysis[J]. arXiv Preprint arXiv: 2006. 15955, 2020.

［104］ LU J, BATRA D, PARIKH D, et al. Vilbert: Pretraining task-agnostic visiolinguistic representations for vision-and-language tasks[J]. arXiv Preprint arXiv: 1908. 02265, 2019.

［105］ CHEN Y C, LI L, YU L, et al. Uniter: Universal image-text representation learning[C]//European Conference on Computer Vision. Springer, Cham, 2020: 104 - 120.

［106］ HENDRICKS L A, MELLOR J, SCHNEIDER R, et al. Decoupling the role of data, attention, and losses in multimodal transformers[J]. arXiv Preprint arXiv: 2102. 00529, 2021.

［107］ YANG K, XU H, GAO K. CM-BERT: Cross-Modal BERT for Text-Audio Sentiment Analysis[C]// Proceedings of the 28th ACM International Conference on Multimedia. 2020: 521 - 528.

［108］ DELBROUCK J B, TITS N, DUPONT S. Modulated fusion using transformer for linguistic-acoustic emotion recognition[J]. arXiv Preprint arXiv: 2010. 02057, 2020.

［109］ HUANG P Y, LIU F, SHIANG S R, et al. Attention-based multimodal neural machine translation[C]// Proceedings of the First Conference on Machine Translation : Volume 2, Shared Task Papers. 2016: 639 - 645.

［110］ HUANG F, ZHANG X, ZHAO Z, et al. Image-text sentiment analysis via deepmultimodal attentive fusion[J]. Knowledge-Based Systems, 2019, 167: 26 - 37.

［111］ GLOROT X, BENGIO Y. Understanding the difficulty of training deep feedforward neural networks[C]//Proceedings of the Thirteenth International Conference on Artificial Intelligence and Statistics. JMLR Workshop and Conference Proceedings, 2010: 249 - 256.

［112］ HUDDAR M G, SANNAKKI S S, RAJPUROHIT V S. Attention-based multimodal contextual fusion for sentiment and emotion classification using bidirectional LSTM[J]. Multimedia Tools and Applications, 2021, 80(9): 13059 - 13076.

［113］ TAN H, BANSAL M. Lxmert: Learning cross-modality encoder representations from transformers [J]. arXiv Preprint arXiv: 1908. 07490, 2019.

［114］ YU F, TANG J, YIN W, et al. Ernie-vil: Knowledge enhanced vision-language representations through scene graph[J]. arXiv Preprint arXiv: 2006. 16934, 2020, 1: 12.

［115］ LEE Y H, JANG D W, KIM J B, et al. Audio-visual speech recognition based on dual cross-modality attentions with the transformer model[J]. Applied Sciences, 2020, 10(20): 7263.

［116］ BUGLIARELLO E, COTTERELL R, OKAZAKI N, et al. Multimodal pretraining unmasked: A meta-analysis and a unified framework of vision-and-language BERTs [J]. Transactions of the

Association for Computational Linguistics，2021，9：978－994.

［117］ WEI X，ZHANG T，LI Y，et al. Multi-modality cross attention network for image and sentence matching［C］//Proceedings of the IEEE/CVFConference on Computer Vision and Pattern Recognition. 2020：10941－10950.

［118］ CHAUHAN D S，AKHTAR M S，EKBAL A，et al. Context-aware interactive attention for multi-modal sentiment and emotion analysis［C］//Proceedings of the 2019 Conference on Empirical Methods in Natural Language Processing and the 9th International Joint Conference on Natural Language Processing （EMNLP－IJCNLP）. 2019：5647－5657.

［119］ MCINTOSH B，DUARTE K，RAWAT Y S，et al. Visual-textual capsule routing for text-based video segmentation［C］//Proceedings of the IEEE/CVF Conference on Computer Vision and Pattern Recognition. 2020：9942－9951.

［120］ SABOUR S，FROSST N，HINTON G E. Dynamic routing between capsules［J］. arXiv Preprint arXiv：1710.09829，2017.

［121］ LIN H，MENG F，SU J，et al. Dynamic context-guided capsule network formultimodal machine translation［C］//Proceedings of the 28th ACM International Conference on Multimedia. 2020：1320－1329

［122］ YESSENOV K，MISAILOVIC S. Sentiment analysis of movie review comments［J］. Methodology，2009，17：1－7.

［123］ YU J，AN Y，XU T，et al. Product recommendation method based on sentiment analysis［C］//International Conference on Web Information Systems and Applications. Springer，Cham，2018：488－495.

［124］ BREAZEAL C，BROOKS R. Robot emotion：A functional perspective［J］. Who Needs Emotions，2005：271－310.

［125］ ZHOU W，GUO Q，LEI J，et al. ECFFNet：effective and consistent feature fusion network for RGB-T salient object detection［J］. IEEE Transactions on Circuits and Systems for Video Technology，2021.

［126］ PARK S，SHIM H S，CHATTERJEE M，et al. Computational analysis of persuasiveness in social multimedia：A novel dataset and multimodal prediction approach［C］//Proceedings of the 16th International Conference on Multimodal Interaction. 2014：50－57.

［127］ KIM J，MA M，PHAM T，et al. Modality shifting attention network for multi-modal video question answering［C］//Proceedings of the IEEE/CVF Conference on Computer Vision and Pattern

Recognition. 2020: 10106 - 10115.

[128] KITAEV N, KAISER Ł, LEVSKAYA A. Reformer: The efficient transformer[J]. arXiv Preprint arXiv: 2001.04451, 2020.

[129] PORIA S, HAZARIKA D, MAJUMDER N, et al. Meld: A multimodal multi-party dataset for emotion recognition in conversations[J]. arXiv Preprint arXiv: 1810.02508, 2018.

[130] EYBEN F, WÖLLMER M, SCHULLER B. Opensmile: the munich versatile and fast open-source audio feature extractor[C]//Proceedings of the 18th ACM International Conference on Multimedia. 2010: 1459 - 1462.

[131] CHUNG J, GULCEHRE C, CHO K H, et al. Empirical evaluation of gated recurrent neural networks on sequence modeling[J]. arXiv Preprint arXiv: 1412.3555, 2014.

[132] GHOSAL D, AKHTAR M S, CHAUHAN D, et al. Contextual inter - modal attention for multi-modal sentiment analysis[C]//Proceedings of the 2018 Conference on Empirical Methods in Natural Language Processing. 2018: 3454 - 3466.

[133] NGIAM J, KHOSLA A, KIM M, et al. Multimodal deep learning[C]//ICML. 2011.

[134] SEBE N, COHEN I, HUANG T S. Multimodal emotion recognition[M]//Handbook of Pattern Recognition and Computer Vision. 2005: 387 - 409.

[135] NOJAVANASGHARI B, GOPINATH D, KOUSHIK J, et al. Deep multimodal fusion for persuasiveness prediction [C]//Proceedings of the 18th ACM International Conference on Multimodal Interaction. 2016: 284 - 288.

[136] MAJUMDER N, HAZARIKA D, GELBUKH A, et al. Multimodal sentiment analysis using hierarchical fusion with context modeling[J]. Knowledge-based Systems, 2018, 161: 124 - 133.

[137] YU W, XU H, MENG F, et al. Ch-sims: A chinese multimodal sentiment analysis dataset with fine-grained annotation of modality[C]//Proceedings of the 58th Annual Meeting of the Association for Computational Linguistics. 2020: 3718 - 3727.

[138] SCHULLER B, MÜLLER R, LANG M, et al. Speaker independent emotion recognition by early fusion of acoustic and linguistic features within ensemble[C]//Proc. of Interspeech 2005-Proc. Europ. Conf. on Speech Communication and Technology, Lisbon, Portugal. 2005.

[139] GUNES H, PICCARDI M. Affect recognition from face and body: early fusion vs. late fusion [C]//2005 IEEE International Conference on Systems, Man and Cybernetics. IEEE, 2005, 4: 3437 - 3443.

[140] WANG Y, XU X, YU W, et al. Combine Early and Late Fusion Together: A Hybrid Fusion

Framework for Image-Text Matching[C]//2021 IEEE International Conference on Multimedia and Expo (ICME). IEEE, 2021: 1 - 6.

[141] GAO Y, BEIJBOM O, ZHANG N, et al. Compact bilinear pooling[C]//Proceedings of the IEEE conference on computer vision and pattern recognition. 2016: 317 - 326.

[142] HUO Y, XU X, LU Y, et al. Mobile video action recognition[J]. arXiv Preprint arXiv: 1908. 10155, 2019.

[143] LIU Z, SHEN Y, Lakshminarasimhan V B, et al. Efficient low-rank multimodal fusion with modality-specific factors[J]. arXiv Preprint arXiv: 1806. 00064, 2018.

[144] EVENBLY G, VIDAL G. Tensor network states and geometry[J]. Journal of Statistical Physics, 2011, 145(4): 891 - 918.

[145] CARROLL J D, CHANG J J. Analysis of individual differences in multidimensional scaling via an N-way generalization of "Eckart-Young" decomposition[J]. Psychometrika, 1970, 35(3): 283 - 319.

[146] CICHOCKI A, LEE N, OSELEDETS I, et al. Tensor networks for dimensionalityreduction and large-scale optimization: Part 1 low - rank tensor decompositions[J]. Foundations and Trends ⓒ in Machine Learning, 2016, 9(4 - 5): 249 - 429.

[147] TUCKER L R. Some mathematical notes on three-mode factor analysis[J]. Psychometrika, 1966, 31(3): 279 - 311.

[148] OSELEDETS I V. Tensor-train decomposition[J]. SIAM Journal on Scientific Computing, 2011, 33(5): 2295 - 2317.

[149] ZHAO Q, SUGIYAMA M, YUAN L, et al. Learning efficient tensor representations with ring-structured networks[C]//ICASSP 2019 - 2019 IEEE International Conference on Acoustics, Speech and Signal Processing (ICASSP). IEEE, 2019: 8608 - 8612.

[150] LECUN Y, BENGIO Y. Convolutional networks for images, speech, and time series[J]. The Handbook of Brain Theory and Neural Networks, 1995, 3361(10): 1995.

[151] HUANG G, LIU Z, VAN DER MAATEN L, et al. Densely connected convolutional networks [C]//Proceedings of the IEEE Conference on Computer Vision and Pattern Recognition. 2017: 4700 - 4708.

[152] COHEN N, SHARIR O, SHASHUA A. On the expressive power of deep learning: A tensor analysis[C]//Conference on Learning Theory. PMLR, 2016: 698 - 728.

[153] HACKBUSCH W, KÜHN S. A new scheme for the tensor representation[J]. Journal of Fourier Analysis and Applications, 2009, 15(5): 706 - 722.

［154］ ZADEH A，ZELLERS R，PINCUS E，et al. Mosi：multimodal corpus of sentiment intensity and subjectivity analysis in online opinion videos［J］. arXiv Preprint arXiv：1606. 06259，2016.

［155］ ZADEH A A B，LIANG P P，PORIA S，et al. Multimodal language analysis in the wild：Cmu-mosei dataset and interpretable dynamic fusion graph［C］//Proceedings of the 56th Annual Meeting of the Association for Computational Linguistics（Volume 1：Long Papers）. 2018：2236－2246.

［156］ BUSSO C，BULUT M，LEE C C，et al. IEMOCAP：Interactive emotional dyadic motion capture database［J］. Language Resources and Evaluation，2008，42（4）：335－359.

［157］ YUAN J，LIBERMAN M. Speaker identification on the SCOTUS corpus［J］. Journal of the Acoustical Society of America，2008，123（5）：3878.

［158］ PENNINGTON J，SOCHER R，MANNING C D. Glove：Global vectors for word representation ［C］//Proceedings of the 2014 Conference on Empirical Methods inNatural Language Processing （EMNLP）. 2014：1532－1543.

［159］ ACKLAND R，SPINK A，BAILEY P. Characteristics of. au websites：An analysis of large-scale web crawl data from 2005 ［C］//Proceeding of the Thirteenth Australasian World Wide Web Conference. Southern Cross University，2007：1－9.

［160］ STÖCKLI S，SCHULTE-MECKLENBECK M，BORER S，et al. Facial expression analysis with AFFDEX and FACET：A validation study ［J］. Behavior Research Methods，2018，50 （4）：1446－1460.

［161］ BALTRUŠAITIS T，ROBINSON P，MORENCY L P. Openface：an open source facial behavior analysis toolkit［C］//2016 IEEE Winter Conference on Applications of Computer Vision （WACV）. IEEE，2016：1－10.

［162］ DEGOTTEX G，KANE J，DRUGMAN T，et al. COVAREP－A collaborative voice analysis repository for speech technologies［C］//2014 IEEE International Conference on Acoustics，Speech and Signal Processing （ICASSP）. IEEE，2014：960－964.

［163］ CORTES C，VAPNIK V. Support-vector networks ［J］. Machine Learning，1995，20 （3）：273－297.

［164］ NOJAVANASGHARI B，GOPINATH D，KOUSHIK J，et al. Deep multimodal fusion for persuasiveness prediction ［C］//Proceedings of the 18th ACM International Conference on Multimodal Interaction. 2016：284－288.

［165］ PORIA S，CAMBRIA E，HAZARIKA D，et al. Context-dependent sentiment analysis in user-generated videos［C］//Proceedings of the 55th Annual Meeting of the Association for Computational

Linguistics (volume 1: Long papers). 2017: 873 - 883.

[166] RAJAGOPALAN S S, MORENCY L P, BALTRUSAITIS T, et al. Extending long short-term memory for multi-view structured learning[C]//European Conference on Computer Vision. Springer, Cham, 2016: 338 - 353.

[167] ZADEH A, LIANG P P, PORIA S, et al. Multi-attention recurrent network for human communication comprehension [C]//Thirty-Second AAAI Conference on Artificial Intelligence. 2018.

[168] ZADEH A, LIANG P P, MAZUMDER N, et al. Memory fusion network for multi-view sequential learning[C]//Proceedings of the AAAI Conference on Artificial Intelligence. 2018, 32(1).

[169] ZADEH A, CHEN M, PORIA S, et al. Tensor fusion network for multimodalsentiment analysis [J]. arXiv Preprint arXiv: 1707. 07250, 2017.

[170] TSAI Y H H, LIANG P P, ZADEH A, et al. Learning factorized multimodal representations[J]. arXiv Preprint arXiv: 1806. 06176, 2018.

[171] SAHAY S, OKUR E, KUMAR S H, et al. Low Rank Fusion based Transformers for Multimodal Sequences[J]. arXiv Preprint arXiv: 2007. 02038, 2020.

[172] MAI S, XING S, HE J, et al. Analyzing unaligned multimodal sequence via graph convolution and graph pooling fusion[J]. arXiv Preprint arXiv: 2011. 13572, 2020.

[173] YANG J, WANG Y, YI R, et al. MTGAT: Multimodal Temporal Graph Attention Networks for Unaligned Human Multimodal Language Sequences[J]. arXiv Preprint arXiv: 2010. 11985, 2020.

[174] CHEN J, ZHANG A. Hgmf: heterogeneous graph-based fusion for multimodal data with incompleteness[C]//Proceedings of the 26th ACM SIGKDD International Conference on Knowledge Discovery & Data Mining. 2020: 1295 - 1305.

[175] LIAN Z, LIU B, TAO J. CTNet: Conversational transformer network for emotion recognition[J]. IEEE/ACM Transactions on Audio, Speech, and Language Processing, 2021, 29: 985 - 1000.

[176] HAZARIKA D, ZIMMERMANN R, PORIA S. Misa: Modality-invariant and-specific representations for multimodal sentiment analysis[C]//Proceedings of the 28th ACM International Conference on Multimedia. 2020: 1122 - 1131.

[177] RAHMAN W, HASAN M K, LEE S, et al. Integrating multimodal information in large pretrained transformers[C]//Proceedings of the Conference. Association for Computational Linguistics. Meeting. NIH Public Access, 2020, 2020: 2359.

[178] WU L, ZHANG D, LIU Q, et al. Speaker personality recognition with multimodal explicit

many2many interactions［C］//2020 IEEE International Conference on Multimedia and Expo (ICME). IEEE, 2020: 1 – 6.

[179] LIANG P P, LIU Z, ZADEH A, et al. Multimodal language analysis with recurrent multistage fusion[J]. arXiv Preprint arXiv: 1808.03920, 2018.

[180] SUN Z, SARMA P, SETHARES W, et al. Learning relationships between text, audio, and video via deep canonical correlation for multimodal language analysis［C］//Proceedings of the AAAI Conference on Artificial Intelligence. 2020, 34(05): 8992 – 8999.

[181] WANG Y, SHEN Y, LIU Z, et al. Words can shift: Dynamically adjusting word representations using nonverbal behaviors[C]//Proceedings of the AAAIConference on Artificial Intelligence. 2019, 33(01): 7216 – 7223.

[182] RUIZ N, TAIB R, CHEN F. Examining the redundancy of multimodal input[C]//Proceedings of the 18th Australia Conference on Computer – Human Interaction: Design: Activities, Artefacts and Environments. 2006: 389 – 392.

[183] LIN H, MENG F, SU J, et al. Dynamic context-guided capsule network for multimodal machine translation［C］//Proceedings of the 28th ACM International Conference on Multimedia. 2020: 1320 – 1329.

[184] WANG J, GU D, YANG C, et al. Targeted aspect based multimodal sentiment analysis: an attention capsule extraction and multi-head fusion network［J］. arXiv Preprint arXiv: 2103.07659, 2021.

[185] MCINTOSH B, DUARTE K, RAWAT Y S, et al. Visual-textual capsule routing for text-based video segmentation[C]//Proceedings of the IEEE/CVF Conference on Computer Vision and Pattern Recognition. 2020: 9942 – 9951.

[186] YANG Z, DAI Z, YANG Y, et al. Xlnet: Generalized autoregressive pretraining for language understanding[J]. Advances In Neural Information Processing Systems, 2019, 32.

[187] YU W, XU H, YUAN Z, et al. Learning Modality-Specific Representations with Self-Supervised Multi-Task Learning for Multimodal Sentiment Analysis［J］. arXiv Preprint arXiv: 2102.04830, 2021.